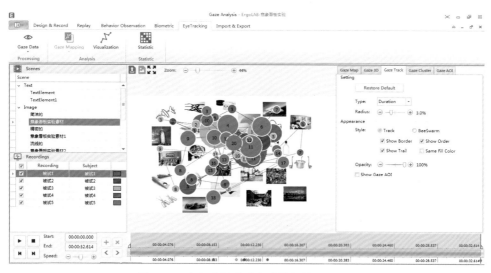

图 2-12　意象看板眼动实验数据输出界面 2

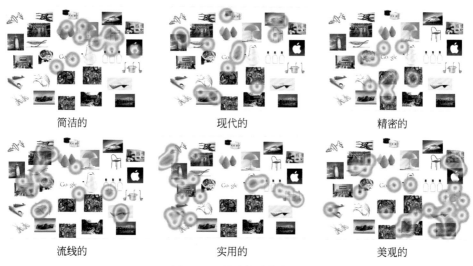

简洁的　　　　　　　　　现代的　　　　　　　　　精密的

流线的　　　　　　　　　实用的　　　　　　　　　美观的

图 2-13　眼动实验热点图

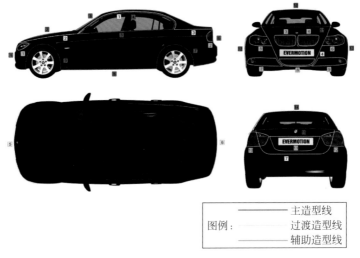

图 6-51　汽车造型的分解

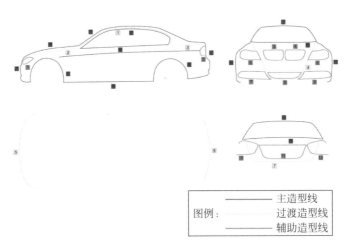

图例：
—— 主造型线
—— 过渡造型线
—— 辅助造型线

图 6-52　汽车的主造型线、过渡造型线、辅助造型线

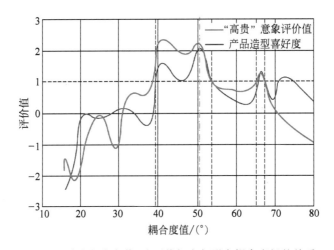

图 6-70　香水瓶意象值、造型偏好度与形态耦合度间的关系

产品意象造型
智能设计

张书涛　苏建宁　周爱民＿＿＿＿＿　著

Intelligent Design of
Product Image Form

清华大学出版社
北京

图书在版编目(CIP)数据

产品意象造型智能设计/张书涛,苏建宁,周爱民著.—北京:清华大学出版社,2022.5(2023.8重印)
ISBN 978-7-302-60620-8

Ⅰ.①产…　Ⅱ.①张…②苏…③周…　Ⅲ.①工业产品—造型设计　Ⅳ.①TB472

中国版本图书馆 CIP 数据核字(2022)第 064525 号

责任编辑:刘　杨　冯　昕
封面设计:傅瑞学
责任校对:赵丽敏
责任印制:曹婉颖

出版发行:清华大学出版社
　　　　　网　　　址:http://www.tup.com.cn, http://www.wqbook.com
　　　　　地　　　址:北京清华大学学研大厦 A 座　　　邮　　　编:100084
　　　　　社 总 机:010-83470000　　　邮　　　购:010-62786544
　　　　　投稿与读者服务:010-62776969, c-service@tup.tsinghua.edu.cn
　　　　　质量反馈:010-62772015, zhiliang@tup.tsinghua.edu.cn
印 装 者:涿州市般润文化传播有限公司
经　　销:全国新华书店
开　　本:185mm×260mm　　　印　张:11.75　　　插　页:1　　　字　　　数:288 千字
版　　次:2022 年 6 月第 1 版　　　印　　　次:2023 年 8 月第 3 次印刷
定　　价:58.00 元

产品编号:090026-01

本书得到以下基金项目资助

国家自然科学基金:产品形态智能设计中的认知动力蛛网模型研究(51705226)

国家自然科学基金:面向产品意象造型的认知思维与先进设计方法研究(51465037)

国家自然科学基金:产品形态意象造型智能设计关键技术研究(51065015)

甘肃省自然科学基金:面向产品族的意象形态进化模型研究(20JR10RA168)

序言 FOREWORD

当前，我国正处于发展方式转型、产业结构调整、迎接新产业革命挑战的关键时期，面临着发达国家重振高端制造为核心的实体经济和新兴发展中国家低成本制造竞争的双重挑战，迫切需要关注和提升创新设计能力，以创新驱动作为国家发展战略。本书从意象造型和智能设计两个维度诠释了工业设计方法，为产品创新设计提供了很好的方法与路径。

首先，从"产品意象造型"的角度，本书在设计学领域中以广为人知的"感性工学"设计方法为开篇章节，进而到第2章"产品感性意象挖掘"，从产品感性意象的认知、方法、评价、分析、案例等角度全面而充分地阐述了如何对产品感性意象进行深入挖掘。在工业设计领域，"产品造型"研究的设计理论体系已较完善，而针对产品的"意象造型"学术领域的研究，是兰州理工大学设计学团队的特色研究方向。"意象"一词来自《周易·系辞》（西周）的"观物取象""立象以尽意"之说，意为"人类大脑因外界事物的刺激而引发的一系列想象与感知形象"。意象是人类特有的大脑活动，因此，在工业设计领域研究"产品意象造型"具有重要意义。

其次，从"智能设计"的角度，本书创新融合智能设计技术，开展"产品意象造型"研究。"智能设计"是我国创新战略发展中的重要组成部分、经济增长新动能的必经之路。本书将传统工业设计技术上升到智能设计技术层面，深入研究剖析了产品意象造型的智能设计技术方法。本书在第3章"产品形态描述"和第4章"产品形态设计要素的辨识"中详细阐述了智能设计技术的研究基础，在第5章"产品感性意象与设计要素的关联模型"和第6章"产品意象造型智能设计"中具体分析了"产品意象造型"智能设计技术路线。

最后，从"设计实践"的角度出发，本书融入了作者在实际设计实践中的大量设计实例，对读者的具体实践起到很好的借鉴作用。整个设计实践创新地实现了产品意象造型研究与智能设计技术实现路径的融合，充分符合国家对于工业设计发展战略中的创新设计需求。

本人于2019年5月受教育部委派挂职兰州理工大学副校长的两年期间，与兰州理工大学的设计学研究团队有深入的交流与探讨。现挂职结束，看到此书最终成文，甚感欣慰，特作此序，希望读者能关注与支持我国西部设计。

上海交通大学　胡洁

2021年10月

第1章　感性工学 ··· 1

1.1　感觉的含义 ··· 1

1.2　感性的含义 ··· 1

1.3　感性工学 ··· 2

　　1.3.1　感性工学的学科背景 ··· 2

　　1.3.2　感性工学系统的分类 ··· 3

第2章　产品感性意象挖掘 ··· 5

2.1　产品意象认知 ·· 5

2.2　基于心理测量的产品意象调查 ··· 7

2.3　基于生理心理学的感性意象测量 ·· 7

　　2.3.1　产品意象造型视觉认知 ·· 7

　　2.3.2　视觉跟踪实验的产品造型设计要素评价模型 ······················· 9

　　2.3.3　基于心理体验量的产品设计要素评价模型 ························· 10

　　2.3.4　实例分析 ··· 10

2.4　意象认知分析 ·· 23

　　2.4.1　用户意象认知分析 ·· 23

　　2.4.2　设计师意象认知分析 ··· 23

　　2.4.3　产品设计要素分析 ·· 23

　　2.4.4　产品造型意象熵评价 ··· 24

2.5　潜在语义分析 ·· 28

　　2.5.1　构造指标潜在语义空间 ·· 28

　　2.5.2　降维 ··· 29

　　2.5.3　计算新样本的匹配值 ··· 29

　　2.5.4　案例研究 ··· 29

第3章　产品形态描述 ·· 32

3.1　形态分析法 ··· 32

3.2　参数模型法 ··· 33

3.3　曲线控制法 ··· 33

3.4 频谱分析法 ………………………………………………………… 34

第4章 产品形态设计要素的辨识 ……………………………………… 38

4.1 设计要素的划分 ……………………………………………………… 38

4.2 多元方差分析法 ……………………………………………………… 39

4.3 灰色关联分析法 ……………………………………………………… 41

4.3.1 基本概念 ………………………………………………………… 41

4.3.2 实例分析 ………………………………………………………… 43

4.4 粗糙集理论 …………………………………………………………… 45

4.4.1 基本概念 ………………………………………………………… 45

4.4.2 知识约简 ………………………………………………………… 46

4.4.3 属性重要度排序 ………………………………………………… 46

4.4.4 实例分析 ………………………………………………………… 46

4.5 生理数据的应用(不局限于眼动) ………………………………… 49

4.5.1 情绪测量法 ……………………………………………………… 50

4.5.2 眼动测量法 ……………………………………………………… 51

4.5.3 生理信号测量法 ………………………………………………… 51

4.6 产品形态基因识别 …………………………………………………… 52

第5章 产品感性意象与设计要素的关联模型 ………………………… 53

5.1 类目层次法 …………………………………………………………… 53

5.2 数量化Ⅰ类(多元回归) …………………………………………… 54

5.3 人工神经网络 ………………………………………………………… 57

5.3.1 BP神经网络 …………………………………………………… 58

5.3.2 模糊神经网络 …………………………………………………… 65

5.3.3 四层神经网络 …………………………………………………… 73

5.4 回归型支持向量机 …………………………………………………… 77

5.4.1 回归型支持向量机问题的描述 ………………………………… 77

5.4.2 非线性回归型支持向量机 ……………………………………… 78

5.4.3 核函数 …………………………………………………………… 79

5.4.4 实例分析 ………………………………………………………… 80

第6章 产品意象造型智能设计 ………………………………………… 82

6.1 设计流程与设计认知 ………………………………………………… 82

6.1.1 设计流程解析 …………………………………………………… 82

6.1.2 设计思维解析 …………………………………………………… 83

6.2 基于遗传算法的进化设计 …………………………………………… 91

6.2.1 基于元胞遗传算法的产品造型设计 …………………………… 91

6.2.2 基于单亲遗传算法的产品造型进化设计 ……………………… 99

　　　6.2.3　基于蛛网结构的产品造型进化设计 ································ 104
　　　6.2.4　基于交互式遗传算法的产品造型进化设计 ···················· 109
　6.3　多目标进化设计 ·· 115
　　　6.3.1　确定目标意象和实例样本 ······································ 117
　　　6.3.2　参数化样本 ·· 117
　　　6.3.3　辨识设计要素参数 ··· 117
　　　6.3.4　建立产品意象造型评价系统 ···································· 117
　　　6.3.5　建立产品多意象造型进化设计模型 ··························· 117
　　　6.3.6　基于 NSGA-Ⅱ算法的产品多意象造型进化设计 ········· 118
　　　6.3.7　实例分析 ··· 121
　6.4　基于粒子群算法的产品形态进化设计 ······························· 133
　　　6.4.1　基本粒子群算法 ··· 133
　　　6.4.2　标准粒子群算法 ··· 135
　　　6.4.3　粒子群算法的参数分析及设置 ································· 136
　　　6.4.4　基于多目标粒子群算法的产品意象造型进化设计流程 ······ 137
　6.5　形态耦合优化设计 ·· 141
　　　6.5.1　原型实验 ··· 143
　　　6.5.2　形态融合 ··· 145
　　　6.5.3　形态耦合机制 ·· 148
　　　6.5.4　形态耦合优化设计 ··· 150
　6.6　产品仿生形态进化设计 ··· 151
　　　6.6.1　特征分析 ··· 152
　　　6.6.2　特征识别 ··· 154
　　　6.6.3　评价机制 ··· 154
　　　6.6.4　形态进化 ··· 156
　　　6.6.5　实例研究 ··· 157
　6.7　形态融合创新设计 ·· 161
　　　6.7.1　产品形态描述 ·· 162
　　　6.7.2　产品形态融合 ·· 167
　　　6.7.3　融合产品的三维形态展示 ······································ 168

第7章　研究展望 ··· 169
　7.1　产品意象的认知机理 ·· 169
　7.2　基于生理测量的意象调查 ··· 171
　7.3　产品意象形态耦合设计 ··· 171
　7.4　感性产品族设计 ·· 172
　7.5　基于深度学习的产品意象造型智能设计 ······························ 172

参考文献 ·· 174

后记 ··· 178

第1章

感 性 工 学

1.1 感觉的含义

感觉是过去的经验在头脑中的反映,也是大脑对直接作用于感觉器官中的客观事物的个别属性的反映,包括视、听、嗅、味等。它是最初级的认识过程,也是一种最简单的心理现象,但感觉并不一定在某一时间内只反映一种属性,而是可以反映许多。例如,一个人进入某个完全陌生的环境里,虽然这个环境中既有各种声音,又有各种气味,但他分辨不清声音和气味的来源,这时对他来说,各种声音和气味只是一大堆杂乱无章的刺激。

感觉是知觉、记忆、思维等复杂的认识活动的基础,也是最简单、最基本的心理活动[1]。感觉分为欲望和感知两个部分。"欲望"是动物的一种需求,例如,动物需要进食、睡眠、排泄、性刺激等方面的需求;而"感知"则是动物对需求的知觉,例如,当剧烈运动之后感到疲劳。

作为最简单的心理过程,感觉不仅是人类认知过程的开端,而且给人类提供了认识外部世界的色彩、状态等环境信息和人类自身的各种机能状态,如劳累、饥饿等,同时也保证了人体与外界环境之间的信息交流平衡。

1.2 感性的含义

现代汉语词典中,"感性"释义为:属于感觉、知觉等心理活动的(跟"理性"相对)。近年来,一些日本学者将"感性"运用到多个领域,也体现出多层含义,它既是一个静态的概念,又是一个动态的过程:静态的"感性"是指人的感情,获得的某种印象;动态的"感性"是指人的认识心理活动,即对事物的感受能力,对未知的、多义的、不明确的信息从直觉到判断的过程。

日本心理学家饭田建夫运用人对物的反应流程将感性的动态概念进行了定义。他用人们看到一朵红色牡丹花时的反应过程来说明这一概念。

(1) 花朵本身所具有的物理特性(波长 650nm 左右的红色可见光)经过媒介向外传递,其中一部分进入人类的感觉器官——眼睛。

(2) 经过视网膜与接受光刺激的视觉细胞,人类成功收到视觉上的刺激情报。

(3) 这些情报信息随即传递至大脑,并产生"是红色的,整体是圆的"等色彩和形状上的感觉。

(4) 这些感觉情报与在之前的学习或经验中所积累的知识相互对照后，认知、认识它是"红色的牡丹花"。

(5) 在认知、认识的同时，对牡丹花或是伴随它的意象等特征，衍生出如漂亮、热情、喜欢、感动等心理反应。

(6) 将发生在内心的感性、感动等，利用言语、表情或是行动表达出来。

因而我们可知，在这一过程中，步骤(3)和步骤(4)是引发感性的基础，对于感性的产生具有辅助作用。步骤(4)～步骤(6)是在人们认知和认识对象物后所产生的心理反应与表现，属于感性的主要范围。

在信息化时代，"感性"已成为时代发展的能力象征，它包含感受信息和交换信息的能力，即在复杂的外界刺激的环境下，提取自己所需信息的能力和将这些信息以某种方式准确地传递给他人的能力。

1.3　感性工学

感性工学将人类情感和工学的理性分析相结合，主要运用工程技术手段来探讨"人"的感性与"物"的设计特性间关系的理论及方法。具体来说，感性工学是将人们对"物"(包括实物产品、虚拟数字产品等)的感性意象定量、半定量地表达出来，与产品设计特性相关联，以此来实现在产品设计中体现"人"的感性感受，设计出更符合"人"的感觉期望的产品[2]。

1.3.1　感性工学的学科背景

20 世纪 70 年代，日本广岛大学的研究人员首次将人类感性导入了工学理性的研究范围内，并且运用于住宅的设计中，提取和考量居住者的情感需求，并将居住者的情感意象具体化为工学技术，这一技术最初被称为"情绪工学"。参与该研究的长町三生敏锐地觉察到了这一市场动向，并认为感性需求将成为今后市场导向的风向标，从 1989 年开始，他陆续发表了多篇关于感性工学的论文、著作，奠定了其在感性工学领域的重要地位[3]。

感性工学是社会经济快速发展的必然产物。目前，Toyota、Hyundai、Samsung、Cannon 等企业都将感性工学应用到了产品的前期开发设计中[4]。作为一门诞生不到半个世纪的新兴学科，感性工学已经在许多国家和地区引起了学术界的广泛关注与研究，其研究成果已被引入至各种新产品的设计开发过程中。因此，在产品设计中引入感性工学将成为企业的立足之本。

近年来，感性工学成为我国从事设计行业和设计教育的专家学者的热点研究课题，许多专家学者对其理论和方法展开了研究，分别在日用品、交通工具和色彩设计等领域进行了探讨，如手机、平板电视机、汽车和自行车等。研究手段涉及模糊逻辑、神经网络和遗传算法等数理方法。感性工学主要注重的是用户的情感需求层面，是符合"以人为本"理念的一种有效的研究方法，从用户的生理、心理和深层次的社会文化内涵等方面入手，关注用户在使用产品时的舒适度、愉悦感和个性体验等多方面的需求来考虑产品的开发和设计。

国内外的感性研究方兴未艾，研究内容不断扩大，从物质到非物质领域，比如，对于人机交互界面的研究,即 UI 设计就属于非物质领域。从工学应用的层面扩展到人的知觉认知等方面,不仅在理论研究方面,而且在应用研究和教育研究等方面也越来越受到人们的重视[5]。

国内外有许多专家学者围绕感性工学,运用数理分析和计算机技术对不同的产品造型设计展开了研究和探讨。例如,苏建宁等[6]总结分析了感性工学所涉及的感性意象挖掘、产品造型设计要素辨识、产品感性意象与设计要素关联及产品意象造型智能设计等关键技术和方法,为产品造型设计建立了实用的体系;李娟等[7]在感性工学的理论基础上,通过数量化理论Ⅰ类理论数学分析方法,得出设计要素与设计风格之间的量化关系,予以指导高速列车座椅设计定位,使其更加符合旅客的情感诉求;Ngip Khean Chuan 等[8]运用感性工学挖掘了在网络购物环境下用户对于太阳眼镜的情感意象,并分析语义与对应的设计特征;杨琦等[9]采用前向定量推论式感性工学的实施程序,对携带式水壶感性特质及用户对水壶造型的感性诉求进行分析,得出了水壶造型的感性特质与水壶设计要素的对应关系,对类似产品的设计具有参考价值。但以上研究都未能将设计师的情感意象考虑在内。

1.3.2　感性工学系统的分类

根据应用思路,可将感性工学分为六类[10,11]:类目分类层级法、感性工学系统、复合式感性工学系统、感性工学数学模型、虚拟感性工学和交互式感性工学系统。

1. 类目分类层级法

类目分类层级法(category classification)是最简单、应用最为普遍且实施起来最快的方法。在明确产品策略之后,通过建立识别消费者情感需要的树状结构,由产品概念(第 0 次元感性概念)向下逐步展开,直到最后出现产品设计的物理参数阶层为止[12]。

2. 感性工学系统

感性工学系统(Kansei engineering system)是通过数学统计工具将感性与产品特性联系起来,予以建立一个拥有丰富内容的感性信息数据库和正确的逻辑推理功能的专家系统,以此进行物理量和感性量之间的转译,基本的感性数据库和专家系统已经成为工程与设计的一种通用的感性工学实施方法[11]。一个完整的感性工学系统应该具有三个数据库:感性意象库(Kansei image database)、知识数据库(knowledge database)以及设计元素数据库(design element database)。同时,感性工学系统是一个动态平衡的系统。根据市场变化与消费者感性的变迁,不断通过将新的感性数据纳入数据库或将旧的数据进行改进等调整措施,予以适应新的变化。该系统既可以帮助设计者根据消费者需求进行产品设计,也可以帮助消费者挖掘自身的感性需求予以选择符合自己要求的产品。通过该系统,设计者和消费者二者之间可以进行实时的无障碍交流,从而将消费需求快速地转化为设计理念或产品设计元素。

3. 复合式感性工学系统

感性工学系统也称"顺向感性工学系统",其主要作用是通过输入消费者的感性需求予以得到产品设计要素。"逆向感性工学系统"则是通过输入产品的设计细节草图来预测消费者可能产生的感性意象。该系统能够由设计者的设计方案推导出消费者的感性意象,予以帮助设计者了解其所设计的产品特性以及其与消费者感性意象之间的关联[13]。顺向和逆向感性工学系统应用相同的数据库,因此二者通常被研究者结合在一起应用,使其产生了可双向转译的混成系统,即"复合式感性工学系统"(hybrid Kansei engineering system)。复合式感性工学系统不仅可以顺向地将消费者的感性意象转译为产品的具体设计细节要素,而且更可以逆向地对设计者所绘制的草图给出消费者的感性意象评判,使得产品设计要素和感觉意象之间的转译更便捷。复合式感性工学系统如图 1-1 所示。

图 1-1   复合式感性工学系统

4. 感性工学数学模型

感性工学数学模型(Kansei engineering model)是应用数学函数模型建立的模拟系统,以此寻求产品设计要素与感性需求信息之间的量化关系。日本三洋电机株式公社的Fukushima 研究团队成功地运用模糊感性逻辑(fuzzy Kansei logic)理论设计出一款智能彩色复印机,该复印机首先运用三原色分析人脸色彩,再经 RGB 色度系统对其进行处理,最终输出更漂亮、更精致的脸部图片[14]。

5. 虚拟感性工学

虚拟感性工学(virtual Kansei engineering)是一种高级计算机技术,是感性工学系统与计算机虚拟现实系统相结合的产物,它运用虚拟现实(VR)技术呈现设计方案,让消费者在虚拟空间中体验产品[15]。虚拟感性工学在产品正式投产之前就为设计者和消费者建立了产品感性空间。日本松下电器与广岛大学合作将虚拟感性工学用于厨房和餐厅的设计。该系统的数据库是基于一万名日本女性感受的厨房餐厅设计图片库,用户只需通过输入自身的生活方式、习惯以及所涉及的感性工学词汇等信息,便可得到一个相应的设计方案,同时,用户还可以根据需要对设计细节进行改进。之后,上述的系统进一步扩展到房屋设计,称作"HousMall"。

6. 交互式感性工学系统

交互式感性工学系统(collaborative Kansei engineering system)是一种基于网络的感性工学系统。网络便于用户和设计者、设计者和设计者之间进行实时交流,大大简化了产品研发阶段的调研工作。长町三生教授将其诸多的优势总结为:"方便了设计者之间的合作,加快了产品研发的速度,使产品制造商和用户之间的对话更为高效,更方便地让不同方面的参与者加入到产品设计研发的过程中来,极大地提高了产品研发的效率,并且为更多的参与者提供更为丰富的灵感。"

第2章

产品感性意象挖掘

2.1 产品意象认知

"意象"是一种基于意识的活动,意象是由物体的外界刺激引发的人脑反应,包括人的记忆、联想和感受。产品造型意象的形成,来自用户对产品形态的认知过程。在认知过程中,用户将产品造型本身所蕴含的感情色彩转换为产品的情感语言,形成产品造型意象。

产品意象造型设计首先是要定位用户的感性意象需求,感性意象可用感性形容词来描述。确定目标感性意象是以用户为中心进行设计的第一步,用户群体是复杂和多样的,不同用户的心理状态,包括认知思维和情感需求等方面,存在明显的个体差异性。

在产品造型所传递的信息方面,已知产品造型的几何信息经过用户结构化的信息处理同时存入长时记忆,当再次观察时由于前期长时记忆的参与,观察时所占用信息通道的容量就较少。结构化的信息是指造型实体本身的整体信息,而不是造型实体的一部分局部信息。在一次新的观察中由于视觉刺激的新颖性,如果产品造型实体信息与产品已知造型不同时,新信息占用的信息通道容量就明显较多。D. Berlyne 提出的视觉中间论,即视觉刺激的新颖性与观察者的心理偏好之间的关系曲线,如图 2-1 所示。例如,对同一用

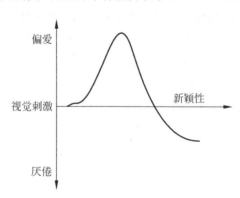

图 2-1 视觉刺激的新颖性与观察者的
心理偏好之间的关系曲线

户而言,在产品造型设计中对某造型进行间隔性的测试,该造型视觉刺激的新颖性随着观察次数的增多呈递减趋势。

从认知学角度来看,对产品的认知首先是由人的感官感知获取产品信息,再以其信息处理方式对接收到的信息自发进行处理,最终根据具体情况综合选择已接收的信息予以解决问题的一系列过程。人对产品的认知过程主要有以下几个阶段,如图 2-2 所示。

(1)信息收录。该阶段主要涉及用户对感知到的外界产品信息进行筛选、知觉体验和

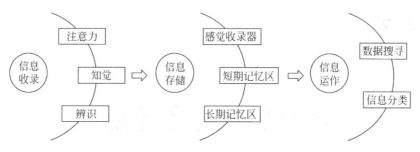

图 2-2　产品信息的认知过程

辨识区分。具体来说,"注意力"就是用户在对产品信息接收的过程中,大脑会自发地排除与产品无关的干扰信息,作为过滤器对信息进行筛选。知觉就是把产品信息给予的刺激有序地转化为对产品形态的心理体验。辨识就是结合自己的心理体验对所接收的信息进行区分,是整理信息的一个过程。

(2)信息存储。该阶段主要在三个存储区中完成,实现对信息的存储。首先是对已接收的信息进行感知的感觉收录器,感知到的信息将以原型的形式暂存,但保存的时间会一直延长至信息被辨认为止;其次被辨认的信息进入短期记忆区进行处理区分;最后将一部分信息删除,将另一部分关键信息存储在长期记忆区内。

(3)信息运作。该阶段包括数据搜寻和信息分类,既是人们将存储的信息进行分类,综合运用该信息处理具体问题,也是人们更深层次的认知行为。从认知心理学角度来看,产品意象认知的过程就是对产品信息进行加工的过程。设计师根据设计任务会对产品造型进行构思,以具象的形式完成自己对产品设计任务的理解,而用户根据自己的实际需求及偏好与产品进行感性交互,用户对产品产生的不同意象正是在这一交互中形成的,如图 2-3 所示。从产品意象的认知过程来看,感官记忆(sensory memory,SM)是对产品造型进行注意和辨识、基于知觉的表面认识活动。短期记忆(short-term memory,STM)不仅是对产品造型进行心理评价,而且是形成产品意象的核心阶段,同时也是更为深入的知觉活动;而长期记忆(long-term memory,LTM)则是用户根据自身的文化、喜好进行的认知活动。

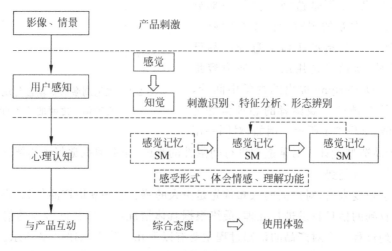

图 2-3　产品意象的认知过程

2.2 基于心理测量的产品意象调查

心理测量是依据相关心理学理论,通过科学、客观、标准的测量手段对人的能力、人格等心理特性和行为进行测量、分析评价。广义的心理测量不仅包括以心理测验为工具的测量,同时也包括观察法、访谈法、问卷法、实验法、心理物理法等测量方法。

在产品设计领域,心理认知测量法主要采用基于语义差分法的语义差异量表或李克特量表开展访谈和问卷调查,对受试者关于产品造型、色彩、材质等因素的感性意象进行测量,使用数值来表达受试者感性意象的倾向或认同程度。语义差分法[16](semantic difference,SD)是一种借助调查、统计及计算等手段,对主体的心理活动进行计算和测量的方法。将主体对客体的感性评价具体化后,可以清楚地分析产品的意象等级,进而探寻其中的一般规律。它的核心要素有三个,分别是目标意象、研究样本和受测者。目标意象的量化尺度由感性词汇和评价级别组成,常用的评价级别有 3 级、5 级、7 级和 9 级。

它的一般过程是:受测者根据目标意象的量化尺度对研究样本进行打分,经过统计分析调查结果,将受测者模糊不清的感性认知转化为客观存在的物理量。通常,将调查数据进行平均数处理,得到受测者对研究样本的意象认知评价值,其公式如下:

$$\overline{A_{ij}} = \sum_{k=1}^{K} A_{ij}^{k} / K \tag{2-1}$$

其中,$\overline{A_{ij}}$ 为受测者对第 i 个研究样本的第 j 个目标意象的认知评值;K 为受测者人数。

2.3 基于生理心理学的感性意象测量

在科技发展的推动下,能够度量用户生理数据的眼动仪和脑电仪应运而生,同时,生理测量设备在诊断和康复疾病方面已经有了广泛的运用。随着眼动理论研究的进步和精密眼动追踪设备的相继问世及发展,眼动研究已经开始逐步运用在网站、广告多媒体界面等人机交互可用性测试领域。眼动脑电研究在国外相对成熟,以前主要运用在心理学、临床、康复治疗、广告、图形学的认知研究领域等,现阶段的研究主要集中在计算机交互、可用性测试、用户体验等领域。通过眼动生理数据的评价,其可以表示为

$$E = f(w_1 \varphi_1, w_2 \varphi_2, \cdots, w_n \varphi_n) \tag{2-2}$$

其中,E 表示用户的生理评价期望值;φ_n 表示眼动各指标数据;w_n 表示相应眼动指标数据权重值。

基于上述分析总结,本节通过生理检测分析,运用眼动仪检测设备,从客观生理量的变化来阐述用户在感性工学整个流程中心理量的演变,使用户的心理需求外显化,客观地修正传统系列研究流程中较主观的步骤,使样本调查、产品评判结果具有较高的相关性和准确度,从而更精准地把握用户的心理需求,得到更加符合用户情感认知的产品,进而提高产品市场竞争力。

2.3.1 产品意象造型视觉认知

1. 视觉认知

视觉认知以信息加工为核心,主要包含三个步骤:

(1) 视觉信息的输入；

(2) 通过编码的方式将信息进行存储；

(3) 对存储的信息进行输出使用[17]。

过程如图 2-4 所示，其中生理指标主要包括注视、追随、眼跳等参数，首次注视时间、注视次序、回视时间、回视次数等指标是视觉跟踪试验关注的重点。

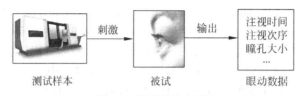

图 2-4　视觉认知过程

假设试验过程中样本集合为 $A=\{a_1,a_2,\cdots,a_m\}$，被试者集合为 $C=\{c_1,c_2,\cdots,c_n\}$，各项眼动指标数据集合 $E=\{e_1,e_2,\cdots,e_k\}$。则产品视觉认知测试样本设计要素评价各项眼动指标数据矩阵为

$$\boldsymbol{F}=\begin{bmatrix} f(a_1,c_1,E) & f(a_1,c_2,E) & \cdots & f(a_1,c_n,E) \\ f(a_2,c_1,E) & f(a_2,c_2,E) & \cdots & f(a_2,c_n,E) \\ \vdots & \vdots & & \vdots \\ f(a_m,c_1,E) & f(a_m,c_2,E) & \cdots & f(a_m,c_n,E) \end{bmatrix} \qquad (2\text{-}3)$$

其中，$f(a_i,c_n,E)$——被试者 c_n 对样本 a_i 各项眼动指标数据。

2. 眼动指标

眼动技术是对视觉运动测量和记录的过程[18]，可实时地客观反映被试者视觉认知处理信息。眼动仪作为专业的测试设备，可对视线检测追踪，记录被试者的眼动轨迹，用来分析被试者视觉注意模式。其中，主要测量的指标有：

(1) 首次注视时间。指被试者对实验材料的某个区域首次注视到离开注视的时间差，结合眼动数据分析软件，可以获得被试者的首次视觉重心分布情况。

(2) 注视次序。指在实验过程中被试者对实验材料所有区域注视的先后顺序，通过数据的分析可以间接获得被试者对实验材料所有区域的感兴趣情况。

(3) 回视时间。指被试者对实验材料某个区域进行首次注视后再次注视的时间。其代表了被试者对本区域的关注程度。

(4) 回视次数。指被试者对实验材料整体观察后在局部区域反复对比，对已经注视过的区域再次注视的次数。其代表了被试者对所回视区域的重视程度。

与以往外显测量方法相比，眼动测试主要有以下特点：

(1) 直接性。眼动注视点可直接记录被试者的关注内容，实时反映被试者的认知过程，尤其是视觉的注意力。

(2) 高效性。眼动测试可有效缩短测试时间，减轻数据整理、现象解释的难度，直接发现用户界面设计上的缺陷，能有效提高测试的效率。

(3) 自然性。可穿戴、非接触式眼动测试设备的出现使眼动测试对实验条件的要求大大降低，摆脱了实验室环境的限制，更接近自然环境。

（4）眼动测试能够揭示用户在浏览界面或完成实验任务时视觉注意的认知策略。

2.3.2 视觉跟踪实验的产品造型设计要素评价模型

生理唤醒量是消费者生理反应的量化,代表着生理的激活水平。本节将视觉跟踪实验的眼动指标数据作为生理唤醒量的表征,对产品造型设计要素进行评价。主要步骤如下。

1. 产品目标意象挖掘

目标意象通常代表消费者对产品造型的主要评价。目前,研究者常采用访谈、口语分析、意象尺度等方法挖掘产品目标意象。熵是衡量系统稳定性的重要指标,信息熵是用来表示系统有序程度的负熵,可运用信息熵理论构建以用户、设计师和工程师的复合认知空间为核心的产品造型意象评价模型,用以指导产品典型案例库的选取。因此运用信息熵原理可挖掘最具代表性的产品感性意象,作为视觉跟踪实验的理论依据。

通常情况下,用熵表征的产品意象评价值计算公式为

$$I_j = -k \sum_{i=1}^{m} p_{ij} \ln p_{ij} \tag{2-4}$$

其中,I_j 为意象熵值;p_{ij} 为第 i 个样本的第 j 项目标意象概率,$0 \leqslant p_{ij} \leqslant 1$;$i$ 为研究样本,$i = 1, 2, \cdots, m$;j 为目标意象,$j = 1, 2, \cdots, q$;k 为常数,$k = 1/\ln m$。

将数据归一化处理后得到目标意象概率。应用公式(2-4),计算得出第 j 项目标意象的熵值 I_j,则该目标意象在评价过程中所占权重 w_j 为

$$w_j = \frac{1 - I_j}{\sum_{h=1}^{n} (1 - I_h)} \tag{2-5}$$

根据所得各意象的权重值,选择权重值较大的为目标意象。

2. 产品造型设计要素分解

在产品设计要素分解过程中,常用形态分析法进行。本书中将运用形态分析法对研究样本进行设计要素分解,得到设计要素集合 $G = \{g_1, g_2, \cdots, g_t\}$,以便进行后续的产品设计要素评价。

3. 视觉跟踪实验数据评价方法

为了更好地进行视觉实验测试分析,依据定义被试者对感性意象词汇(perceptual image vocabulary,PIV)的首次注视时间为 t,其中 x 为被试者注视的次序;v_1 为表示先后的顺序因子,取值范围为 $[1, 2]$,首次注视时,注视因子取值为 2,以后每次注视时因子按顺序依次减少 x/u,u 为完成每个测试样本实验的所有有效注视点个数,则按照注视的先后顺序可得到每个 PIV 的首次注视时间为 $[t(2 - x/u)]$[19]。

当某个 PIV 在测试中有回视时间 t' 时,定义被试者对 PIV 的回视次数为 α;v_2 为实验过程中回视因子,取值范围为 $[1, 2]$,其中,第一次回视时取值为 1,随着回视次数的增加,回视因子逐步增加 $1/20$,对于每个 PIV 都可能存在多次回视,因此每个 PIV 的回视时间应是多次回视时间的总和,则得到各 PIV 某一次的回视时间为 $t'[1 + (\alpha - 1)/20]$。

最终，每个 PIV 的比例值为

$$W = \frac{1}{mn} \sum_{h=1}^{n} \sum_{i=1}^{m} \frac{t_{(i,h)}\left(2 - \frac{x_{(i,h)}}{u_{(i,h)}}\right) + \sum_{\alpha=1}^{y_{(i,h)}} t'_{(i,h)}\left(1 + \frac{\alpha_{(i,h)} - 1}{20}\right)}{T} \tag{2-6}$$

其中，W 为 PIV 的比例值；i 为研究样本，$i = 1, 2, \cdots, m$；h 为被试者，$h = 1, 2, \cdots, n$；y 为 PIV 被回视的总次数；T 为完成某个样本实验的所有有效注视时间之和。

在整个 PIV 的排序中，越靠前，比例值越大，说明其在产品造型意象评价过程中越需被重视。

2.3.3　基于心理体验量的产品设计要素评价模型

心理体验量作为消费者针对不同对象的主观感受程度，是其潜意识的情感表征。实验前，被试者将实验任务由意识转化为潜意识；实验过程中，将潜意识里的任务结果转化为意识，并通过口语的方式进行表达，获得相应的心理体验量[20]。每观察过一个样本，被试者通过口语方式，运用语义差分法对其进行目标意象评分，实验结束后得到的口语评价矩阵 $\boldsymbol{D}$ 表示为

$$\boldsymbol{D} = \begin{bmatrix} d_{11} & d_{12} & \cdots & d_{1m} \\ d_{21} & d_{22} & \cdots & d_{2m} \\ \vdots & \vdots & & \vdots \\ d_{n1} & d_{n2} & \cdots & d_{nm} \end{bmatrix} \tag{2-7}$$

该数据经数理统计分析可获得心理体验量，再通过数量化 I 类理论计算可得到设计要素的评价，将样本进行造型分解，提取归纳出产品设计要素项目及类目，假设样本共有 θ 个设计要素，第 β 个设计要素的类目为 Y_β，则对所有样本而言，$\delta_i(\beta, \eta)$ $(\beta = 1, 2, \cdots, \theta$；$\eta = 1, 2, \cdots, Y_\beta)$ 称第 β 个设计要素第 η 类在第 i 个样本中的反应，则目标意象与样本形态设计要素间的映射关系：

$$\delta_i(\beta, \eta) = \begin{cases} 1, & \text{第 } i \text{ 个样本中，第 } \beta \text{ 个设计要素的定性数据为第 } \eta \text{ 类} \\ 0, & \text{其他} \end{cases} \tag{2-8}$$

建立数学模型：

$$\mu_i = \sum_{\beta=1}^{\theta} \sum_{\eta=1}^{Y_\beta} \delta_i(\beta, \eta) \cdot O_{\beta\eta} + \varepsilon_i \tag{2-9}$$

其中，$O_{\beta\eta}$ 为仅依赖于 β 项目的 η 类目的系数；ε_i 为第 i 次抽样中的随机误差。

求解该模型，输出的复相关系数表示该模型的精度，其越接近 1 表示精度越高；输出的偏相关系数表示设计要素对目标意象的权重，可与生理唤醒量的结果进行对比分析。

2.3.4　实例分析

本节以机床形态为例，进行眼动实验研究。

1. 确定研究样本

首先对国内外机床进行形态分析，从网络、报纸、期刊及宣传手册等渠道收集到机床样

本共 150 余个。对收集到的样本进行初步整理、筛选,去除相近样本,保证样本图片细节及质量,得到初始样本 56 个,如图 2-5 所示,形成初步样本库。

图 2-5　初步样本库

经亲和图法(KJ 法)和专家小组讨论法,最终确定 15 个样本为代表性研究样本,为排除其他因素干扰,将各样本进行色彩和标志等元素的去除,形成代表性样本库,如图 2-6 所示。

图 2-6　代表性样本库

2. 确定代表性意象词汇

通过对样本形态的意象认知分析,从海报、宣传手册、报刊及对消费者进行采访等渠道收集能够代表样本的感性意象词汇共计 96 个,如表 2-1 所示。采访对象包括设计专业教师及学生、企业设计师、用户等,需要被采访对象通过观看图片并使用形容词来对样本图片进行描述,形成初始代表性感性意象词汇表。

表 2-1　描述机床感性意象的形容词

整体的	高贵的	美观的	平整的	趣味的	简单的	生动的	独特的
敦厚的	粗粝的	笨重的	流线的	功能性的	先进的	清新的	繁复的
亲和的	有力度的	复杂的	舒适的	呆板的	平滑的	个性的	时尚的
耐用的	协调的	质感的	安全的	宽敞的	可靠的	寂寥的	优雅的
小气的	单调的	随意的	新颖的	振奋的	大气的	沉静的	标准的
平常的	紧密的	轻巧的	坚硬的	机械的	冷漠的	人性化的	严谨的
简洁的	艳丽的	结实的	细腻的	操作感的	冰冷的	封闭的	金属感的
规整的	温馨的	灵气的	高雅的	高档的	肌理的	易操作的	精密的
现代	精致的	科技的	干净的	无用的	实用的	沉闷的	稳固的
丑陋的	耐看的	单纯的	明亮的	含蓄的	稳固的	可靠的	牢固的
精确的	直线的	尖锐的	理性的	松散的	圆滑的	粗糙的	交互的
素净的	沉稳的	精细的	匀称的	凌乱的	流畅的	错落有致的	色彩大胆的

通过对词汇间的相融性研究,从得到的词汇库中剔除相近或相似形容词,通过专家小组讨论法,完成代表性意象词汇的筛选及确定工作,最终得到能够较好地形容具有代表性样本的感性意象词汇共 6 个,即简洁的、现代的、精密的、流线的、实用的、美观的。

3. 意象看板眼动实验

眼动的特征与被试者心理活动有着直接或间接的联系,反映的是被试者对信息提取过程中的心理和行为表现。将眼动运用在产品的可用性测试或评价中,可以弥补传统的调查问卷方式定量研究和深入挖掘不足的缺陷,同时能够根据眼动数据,发现用户观察特征及兴趣点等。

为保证意象词汇选择过程中眼动实验数据高效准确,本书通过意象看板眼动实验,保证被试者更加准确地了解意象词汇含义,从而使结果更加真实可靠。意象看板实验流程如图 2-7 所示。

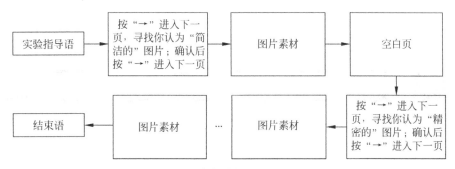

图 2-7　意象看板实验流程图

由于本次实验时间较长,为保证实验合理性,流程中的空白页部分能使被试者有足够的时间进行视觉调整及休息。

前期通过报刊、网络及采访等形式初步搜集关于简洁的、现代的、精密的、流线的、实用的、美观的图片 28 张并进行组合,为保证与实验材料具有相同或相似的效果,对意象看板实验用材料图片去除色彩,如图 2-8 所示。

图 2-8　意象看板实验素材

（1）设置实验指导语为：按"→"进入下一页，寻找你认为能代表各意象词汇的图片，确认后按"→"进入下一页。

（2）由主试者对实验设备进行调试。

（3）将图片素材分辨率调整为 1366×768 像素，与指导语导入 ErgoLAB 软件设备中，如图 2-9 所示，并对整个实验流程进行检测，观察实验环境，确认无误后进入实验阶段。

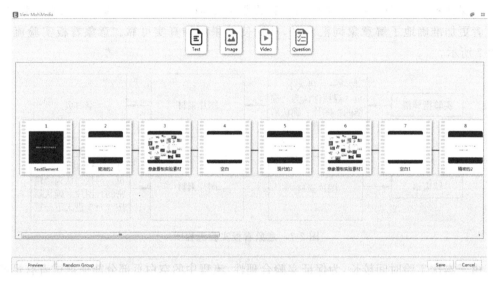

图 2-9　实验素材导入

（4）被试者。本实验目的是制作关于机床设备的 6 个感性意象词汇意象看板，在此需有 5 名被试者组成焦点小组参与眼动实验，分别为 1 名博士研究生、3 名硕士研究生以及 1 名本科生，其中 3 名男生和 2 名女生，博士研究生的在读专业为机械设计、其余 4 名被试者的专业为工业设计或产品设计，对感性工学有一定的知识储备及了解，能保证实验顺利进行。同时 5 名被试者矫正视力在 5.0 及以上，右利手。

（5）主试者根据眼动跟踪实验设计对本次实验进行被试者眼动校准。

（6）实验前期准备完成后，由主试者引导第一位被试者在固定座位坐下，并告知被试者本实验的目的是，通过眼动追踪实验，寻找最能代表各意象词汇的图片，并进行重组，最终形成各意象词汇意象看板。

（7）实验过程如图 2-10 所示，被试者观看指导语后按"→"键进入图片材料页面，当被试者确认实验任务完成后再重复按"→"键，进入空白页面，保证被试者的眼睛有足够的休息时间，直至完成 6 个意象词汇的相匹配图片确认实验结束，实验页面弹出"实验结束，感谢您的配合，祝您生活愉快"字样后，由主试者停止设备记录眼动数据，被试者离开实验位置；5 名被试者依次完成意象看板实验，整个实验流程结束。

图 2-10　意象看板眼动实验过程

（8）实验结果统计分析。眼动跟踪实验是借助眼动仪等专业设备对被试者的客观生理量进行统计及分析的过程。在 ErgoLAB 软件中，可以对被试者的眼动热点、眼动轨迹、注视时间、瞳孔大小变化等生理指标进行精确统计,揭示出用户在评价过程中的无意识过程。眼动数据统计及输出页面如图 2-11 和图 2-12 所示。

图 2-11 意象看板眼动实验数据输出界面 1

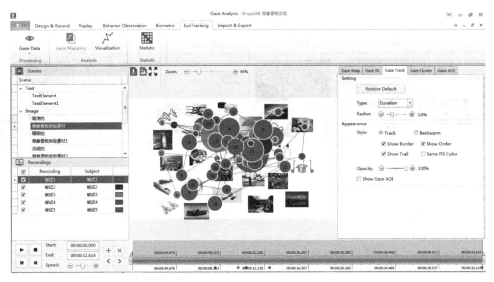

图 2-12 意象看板眼动实验数据输出界面 2

由于本实验目的是确定与各意象词汇相匹配图片,便于被试者对样本进行造型意象评价,结合眼动各指标特性,确定将输出的眼动热点图作为评价依据。热点图在眼动实验评价过程中代表着被试者对所观察区域的感兴趣程度,是通过使用不同的标志将图或页面上的区域按照受关注程度的不同加以标注呈现的一种分析手段,即热点图颜色由周围向中心进行过渡,周围为绿色,中心为红色,红色通常表示注视点最多或注视时间最长的区域。将 5 名被试者眼动结果叠加并输出,得到 6 个意象词汇的意象看板眼动热点图,如图 2-13 所示。

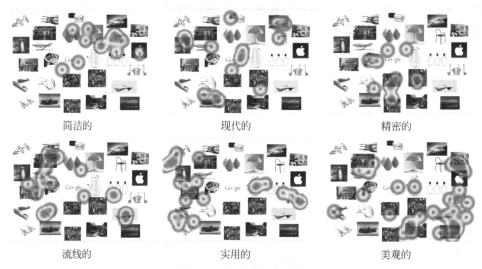

简洁的　　　　　　　　现代的　　　　　　　　精密的

流线的　　　　　　　　实用的　　　　　　　　美观的

图 2-13　眼动实验热点图

从结果中能够直观地展示出能代表各意象词汇的图片,结果整理如表 2-2 所示,根据眼动实验结果,按照要求,设计制定意象看板,作为样本造型意象评价依据。

表 2-2　意象词汇图片

简洁的	现代的	精密的	流线的	实用的	美观的

4. 目标意象词汇评价眼动实验

根据意象词汇图片,将其制作成眼动跟踪实验素材,通过眼动跟踪实验,确定最终研究样本的目标意象词汇。

目标意象词汇评价眼动实验过程如图 2-14 所示。

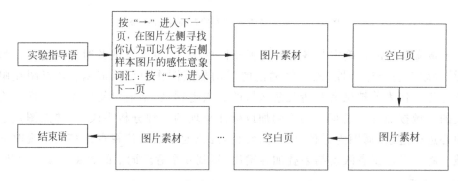

图 2-14　目标意象词汇评价眼动实验流程

将意象看板眼动实验得到的结果与样本图片进行组合,得到本次实验素材,以样本 1 为例,得到实验素材 1 如图 2-15 所示。

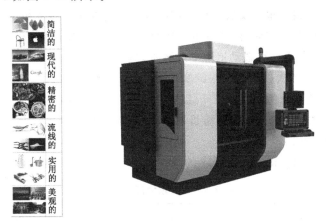

图 2-15 确定意象词汇实验素材 1

(1) 设置实验指导语为:按"→"进入下一页,在图片左侧寻找你认为可以代表右侧样本图片的感性意象词汇;按"→"进入下一页。

(2) 由主试者对实验设备进行调试。

(3) 将图片素材分辨率调整为 1366×768 像素,与指导语一起导入 ErgoLAB 软件设备中,如图 2-16 所示,并对整个实验流程进行检测,观察实验环境,确认无误后进入实验阶段。

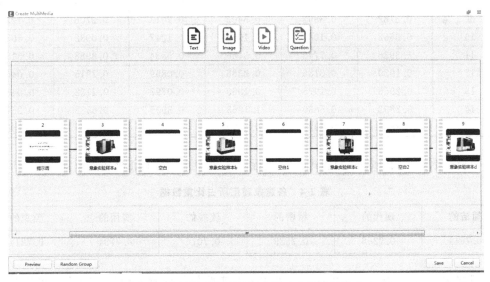

图 2-16 目标意象词汇评价眼动实验素材导入

(4) 被试者。本实验目的是通过意象看板确定能够代表 15 个研究样本的目标意象词汇,通过眼动实验结合熵理论,将 6 个感性意象词汇进行计算排序。为使实验数据简练准确,取所占比前三位者作为本实验的目标意象词汇,进行后续的研究。因此,本次实验被试者共有 13 名在校学生,包括本科生 2 名,硕士研究生 10 名,博士研究生 1 名。被试者全部是设计类相关专业学生,对感性工学有一定了解,对研究样本机床设备在造型等方面较为熟悉。通过主试者的讲解，被试者表示能顺利完成该实验，同时所有被试者矫正视力均在5.0及以上，右利手。

（5）主试者根据眼动跟踪实验设计对本次实验进行被试者眼动校准。

（6）实验前期准备完成后，由主试者引导每位被试者在固定座椅坐下，并告知被试者本实验的目的是，通过分析计算眼动追踪实验数据，确定研究样本的目标意象感性词汇。

（7）13 名被试者依次进行眼动跟踪实验，直至整个实验结束。

（8）实验结果统计分析。通过 ErgoLAB 软件，对实验中落在素材左侧意象看板的各被试者眼动数据进行统计分析，根据实验目的及要求，统计数据包括被试者的首次注视时间、注视次数、回视时间及回视次序等。

运用公式(2-6)计算，得到所有样本的各意象词汇眼动数据，如表 2-3 所示。

表 2-3　各意象词汇眼动数据　　　　　　　　　　　　　　%

样本	简洁的	现代的	精密的	流线的	实用的	美观的
1	0.1218	0.1383	0.1266	0.1029	0.0995	0.0177
2	0.1558	0.1714	0.1279	0.0976	0.1340	0.0208
3	0.4587	0.4656	0.3477	0.1860	0.2935	0.1116
4	0.1120	0.1494	0.2130	0.1958	0.0806	0.0731
5	0.9065	2.3984	2.9031	1.6599	2.2958	0.9352
6	0.0954	0.1209	0.0680	0.0680	0.0292	0.0218
7	0.2287	0.4430	0.3422	0.1746	0.4047	0.0453
8	2.0024	1.7130	1.1862	0.8280	1.4234	0.4196
9	0.3782	0.3892	0.5402	0.2013	0.2708	0.1227
10	0.0662	0.1087	0.1901	0.1247	0.0935	0.1050
11	1.3938	0.7748	0.5466	0.6834	0.8988	0.5180
12	0.1920	0.3186	0.2386	0.0859	0.2915	0.0403
13	0.2956	0.1975	0.1960	0.0797	0.2128	0.0461
14	0.2893	0.5630	1.1863	0.3905	0.6533	0.2573
15	0.3845	0.3925	0.4722	0.3455	0.3711	0.1886

将所得数据运用公式(2-4)和式(2-5)进行计算，得到各意象词汇所占比重如表 2-4 所示。

表 2-4　各意象词汇所占比重数据　　　　　　　　　　　　　%

简洁的	现代的	精密的	流线的	实用的	美观的
0.7541	0.7266	0.7529	0.7076	0.7734	0.7214

根据实验结果，取所占比重前三位者作为本实验的目标意象词汇。因此本实验的目标意象词汇为"实用的""简洁的""精密的"。

5. 机床样本设计要素分解

基于形态分析法，将机床样本进行形态解构。机床的外部形态是各部分设计要素的集合，依据机床造型的功能特征、审美特征、产品本身独特特征等方面将样本解析为开门方式、观察窗造型、操作面板位置、正面造型、侧面造型等 5 个造型设计要素。在实际的机床造型设计中,这 5 个要素是不可缺少的。

根据设计要素归纳,通过专家小组讨论法对机床样本进行造型设计要素分析并定性描述提取,得到如表 2-5 所示的机床造型设计要素项目与类目表。

表 2-5 机床造型设计要素项目与类目表

造型设计要素项目	类目
开门方式(g_1)	对开门、单开门、侧开门
观察窗造型(g_2)	方形、弧形
操作面板位置(g_3)	独立式、悬挂式、嵌入式
正面造型(g_4)	直面、弧面、外凸、内凹
侧面造型(g_5)	直面、弧面

根据数量化 I 类理论及运算规则,将类目转化为可进行运算的类目反应表。在转化过程中,定义若该要素的类目存在,则为"1",反之则为"0"。开门方式、观察窗造型、操作面板位置、正面造型、侧面造型等 5 个要素全部按照此规则转化,形成仅包含"1""0"两个数字组成的数列。根据设计要素项目与类目表,每个机床样本将有 14 位的数字构成,其类目反应表如表 2-6 所示。

表 2-6 机床样本类目反应表

样本	类目反应表													
a_1	1	0	0	1	0	0	1	0	1	0	0	0	1	0
a_2	1	0	0	1	0	0	0	1	1	0	0	0	1	0
a_3	0	1	0	1	0	0	0	1	0	0	0	1	1	0
a_4	0	1	0	0	1	1	0	0	0	0	1	0	0	1
a_5	0	0	1	1	0	0	0	1	1	0	0	0	1	0
a_6	0	0	1	1	0	0	0	0	0	0	1	1	0	0
a_7	0	1	0	0	1	1	0	0	0	1	0	0	1	0
a_8	0	1	0	1	0	0	1	0	1	0	0	1	1	0
a_9	0	1	0	1	0	0	0	1	1	0	0	0	1	0
a_{10}	1	0	0	1	0	1	0	0	0	1	0	0	1	0
a_{11}	0	0	0	1	1	0	0	0	1	0	0	1	1	0
a_{12}	0	1	0	1	0	0	0	1	0	0	1	0	1	0
a_{13}	0	0	1	1	0	0	1	0	0	1	0	0	1	0
a_{14}	1	0	0	1	0	0	1	0	1	0	0	0	1	0
a_{15}	0	0	0	1	1	0	0	1	0	0	0	0	1	0

6. 研究样本目标意象造型眼动实验评价

本实验通过建立目标意象下的被试者与研究样本间的关联性,得到被试者对样本整体造型的眼动生理数据评价值。将评价值作为因变量,建立其与设计要素间的关系,从而达到对设计要素评价的目的。

样本造型目标意象评价实验流程如图 2-17 所示。

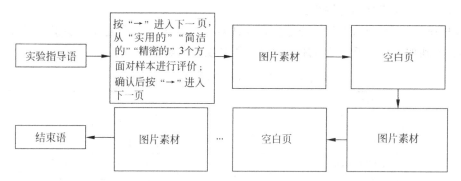

图 2-17　样本造型目标意象评价实验流程图

由于本次实验时间较长,为保证实验的合理性,流程中的空白页部分能使被试者有足够的时间进行视觉调整及休息。

(1) 设置实验指导语为:按"→"进入下一页,对样本进行目标意象造型评价,确认后按"→"进入下一页。

(2) 由主试者对实验设备进行调试。

(3) 将图片素材分辨率调整为 1366×768 像素,与指导语一起导入 ErgoLAB 软件设备中,如图 2-18 所示,并对整个实验流程进行检测,观察实验环境,确认无误后进入实验阶段。

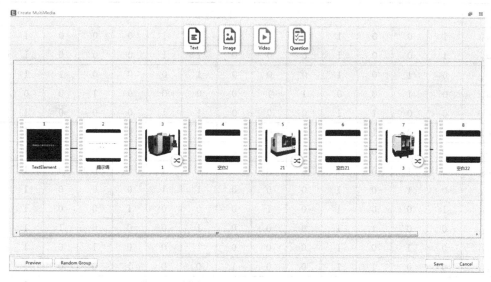

图 2-18　样本造型评价实验素材导入界面图

为保证实验数据的准确性,设置各样本图片能随机出现,并保证所有样本在每次实验过程中仅出现一次。

(4) 被试者。本实验被试者共 16 名,包括 1 名机械设计专业博士研究生、13 名工业设计专业硕士研究生以及 2 名设计专业本科生。所有被试者对感性工学都有一定的了解,并熟悉机床产品,能保证实验的顺利进行。同时,被试者矫正视力在 5.0 及以上,右利手。

(5) 主试者根据眼动跟踪实验设计对本次实验进行被试者眼动校准。

(6) 实验前期准备完成后,由主试者引导每位被试者在固定座位坐下,并告知被试者本实验的目的是,通过分析计算眼动追踪实验数据,确定各被试者对样本造型的生理评价数据。

(7) 16 名被试者依次进行眼动跟踪实验,直至整个实验结束。

(8) 眼动数据统计与分析。由于本实验目的是将眼动数据作为目标意象下的样本造型评价,根据眼动各指标特性中瞳孔大小变化与被试者的情感变化具有高度统一性这一特点,并且机床作为研究样本,在造型上不会给人一种惊奇或惊恐的感觉,因此将平均瞳孔直径作为被试者对样本造型评价的依据。

通过 ErgoLAB 软件对实验数据进行处理,输出界面如图 2-19 所示。

图 2-19 样本造型评价实验结果输出界面

以某被试者为例,其在实验过程中瞳孔变化等眼动指标结果如图 2-20 所示。

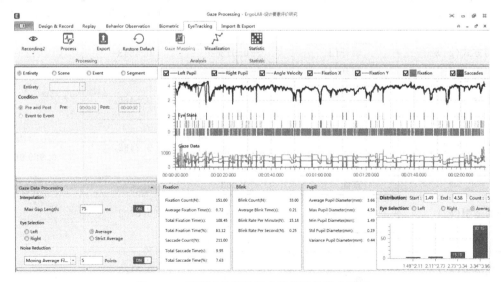

图 2-20 某被试者实验眼动指标结果输出界面

去除 2 名被试者的不合理数据,得到 14 组被试者瞳孔数据。

将所有被试者平均瞳孔直径数据进行均值处理,得到结果如表 2-7 所示。

表 2-7　各样本被试者平均瞳孔直径

样本	a_1	a_2	a_3	a_4	a_5	a_6	a_7	a_8
平均瞳孔直径/mm	3.25	3.16	3.17	3.22	3.14	3.18	3.06	3.15
样本	a_9	a_{10}	a_{11}	a_{12}	a_{13}	a_{14}	a_{15}	
平均瞳孔直径/mm	3.21	3.20	3.25	3.11	3.20	3.23	3.13	

7. 目标意象与造型设计要素的关联映射

数据分析作为计算机辅助设计的核心,是将用户的评价数据与产品设计要素相关联的重要步骤。本实验建立目标意象与设计要素间的关联分析系统,如图 2-21 所示。

图 2-21　用户感性意象与产品造型设计要素映射关系系统

将表 2-7 平均瞳孔直径数据和表 2-6 机床样本类目反应表数据作为数量化 I 类模型原始数据,编写成 txt 文件导入到模型中进行运算,然后对输出的数据进行整理,得到各造型设计要素项目对目标意象的贡献值。输出结果中包含偏相关系数、标准系数、复相关系数等,结果如表 2-8 所示。

表 2-8　目标意象与造型设计要素项目间关联度分析

造型设计要素项目	类目	标准系数	偏相关系数	复相关系数
开门方式(g_1)	对开门	0.026	0.4543	0.98996
	单开门	−0.012		
	侧开门	−0.007		
观察窗造型(g_2)	方形	0.014	0.5466	
	弧形	−0.088		
操作面板位置(g_3)	独立式	−0.022	0.2482	
	悬挂式	0.010		
	嵌入式	0.003		
正面造型(g_4)	直面	−0.003	0.6702	
	弧面	0.021		
	外凸	−0.052		
	内凹	0.028		
侧面造型(g_5)	直面	−0.016	0.8123	
	弧面	0.218		

标准系数表示相应类目对目标意象的贡献度,正值表示相应类目对目标意象具有正的贡献度,负值则表示相应类目对目标意象具有负的贡献度,即表示远离该意象的造型;而偏相关系数则表示该设计要素对目标意象的贡献程度。从结果中可以看出,侧面造型对研究样本的目标意象贡献值最大,在各类目中,分别以对开门、方形观察窗、悬挂式操作面板、内凹的正面造型和弧面的侧面造型的贡献值最大,设计过程往往重点关注贡献值较大的设计要素,设计者通常也将贡献值较大的类目进行组合设计得到新产品。

2.4 意象认知分析

2.4.1 用户意象认知分析

产品设计的目标是为了满足人的需求,而用户的需求是基于物质和情感方面的,所以产品设计必须要同时满足人的生理需求和心理需求。由于用户因教育、生活区域等复杂因素的影响,其对产品的意象认知存在一定的差异,因此在分析用户意象认知时,需要通过用户特征分析进行不同群体的研究,获取各用户集群的属性特征,从而得到目标用户群的需求。

对用户的意象认知进行分析时,可运用数理统计方法,例如,语义差分法、主成分分析法、数量化Ⅰ类等,有效挖掘用户意象认知中的共性与规律,切实了解、感受和体验用户情感需求。

2.4.2 设计师意象认知分析

产品造型设计是一项创造性的活动,设计时具有很大的空间和灵活性,一方面是因为用户的个性化和多样化,另一方面是由丰富、多样的产品形态所决定的。设计师可以运用不同的设计方法和设计思维过程完成产品的创新开发设计,使产品呈现不同的造型形态,予以满足不同的用户群体对于产品的情感意象需求等。

设计师凭借自身的专业经验、设计知识库和已有的领域知识,比如,风格定位、造型形态、装饰色彩、材料质地、使用功能、结构工艺和市场定位等,来获取产品造型要素的符号信息、语义信息和表征信息,首先通过形象思维进行编码加工,再通过艺术设计和制作把产品某些特定的形象信息传递给用户,形成用户和设计师之间的审美信息交流。即设计师通过市场调研,结合实用功能和制造工艺技术,运用自己的专业技术及个人经验融入环境因素、精神功能和文化内涵等来展开产品的设计。在设计过程中,设计师往往会融入自身的情感特征,运用一定的形态处理方式传递给用户。其中的关键技术在于市场调研环节对于用户需求的把握与发掘和对设计师与用户之间认知差异的理解。

2.4.3 产品设计要素分析

产品造型是一个复杂的多维度综合体,难以对其造型特征进行直接地描述和概括。在接收到新产品时,需要设计师根据自身的经验和知识,将产品的形态按其功能和结构分解为若干个基本组成部分,根据这些基本组成部分的形态、功能将其定义和描述,从而获得产品的设计要素。通过这种分解、定义和描述获得的设计要素,不只是一个产品个体仅有的,它适用于所有同类产品,但不同产品设计要素的特征存在差异。产品设计要素特征的差异化和多元化是造成同类产品造型复杂多样的直接原因。

对同一类产品来说,其代表性的样本具有相对稳定的设计要素及关联结构部件,这些设计要素都是比较容易进行描述的基本单元个体,产品所具备的造型设计知识凝集在与之对应的产品造型元素个体上。以系统的角度分析,一件产品是一个大系统,包含许多子系统,这些子系统就是不同的设计要素,而设计要素又是由若干相应的元素所组成,造型特征就是设计要素这个子系统内的元素。

产品形态是产品意象的综合体现,是由不同的设计要素组合而成,其中每个设计要素也包含着自身的意象,最终形成整体的形态并产生产品造型意象。产品设计要素主要由以下造型特征组成。

(1)造型。产品的外观形态主要由点、线、面三大要素组成,从而形成不同造型的单元,如方形、圆形、三角形等,从而由面再形成体,每个不同的造型单元都包含着自身的感性意象,如圆形代表可爱、圆润等,三角形代表科技、专业等意象。

(2)尺寸比例。产品各设计要素间的尺寸、比例大小都对整体形态意象有着直接的影响。各设计要素形态及整体形态都要遵循形式美法则,包括变化与统一、对称与平衡、比例与尺度、对比与协调、节奏与韵律等。在比例尺度的研究过程中,人们总结了几何分析法、黄金分割比例法等关于比例协调的计算方法。

(3)色彩。产品色彩对人们的生理及心理方面会产生巨大的影响,不同的颜色、明度、色相及饱和度等都会对使用者产生不同的感性意象及心理感受,影响着人们对产品的整体评价,如蓝色给人一种科技感,而紫色则表示一种神秘感,红色则使人想到的是热情等。

(4)材质。材质的选择与使用是产品意象凸显过程中重要的因素,不同的材料与材质的结合会使产品体现不同的感觉,令人产生不同的心理感受,如金属给人的是一种科技感,而木材则给人的是一种亲切温暖的感觉。

(5)工艺加工。工艺加工水平的不同使产品展现的意象也是完全不一样的,精细的加工会使消费者感觉到科技、细腻等,而粗糙的加工则表现出的是低档次。

在对产品设计要素研究的基础上,需对其设计要素进行解构处理,并进行特征要素的分析及定性描述。即通过人的观察、结合已储存的知识信息,运用逻辑思维的方式对产品进行描述,如圆弧形的观察窗、嵌入式的操作面板等。在进行特征描述的过程中,首先,由主试者收集一定量的研究样本;其次,由相关领域专家依据自身经验及知识进行概括描述,记录描述的形容词语言;最后,由主试者对结果进行统计分析,得出造型特征描述表,如表 2-9 所示。

表 2-9　造型特征描述表

设计要素	G1	G2	G3	…
特征描述	$G1_{(1)}, G1_{(2)}, \cdots$	$G2_{(1)}, G2_{(2)}, \cdots$	$G3_{(1)}, G3_{(2)}, \cdots$	…

2.4.4　产品造型意象熵评价

1. 意象熵

熵是指体系混乱的程度,即系统处于某一宏观状态可能性(概率)的度量。系统的熵越大,则系统处于该状态的概率越大。美国工程师香农(C. E. Shannon)于 1948 年将熵引入到信息论领域,定义了"信息熵"一词,它可以科学地对系统的状态进行度量,以表示系统的有序程度。

将熵理论应用于产品造型的意象评价过程中,可以对产品造型的意象系统进行度量。在客观世界中,意象是信息的一种,是情感的一种表述方式。意象熵则是对人类意象系统中信息稳定性的度量尺度,通过运用信息熵的理论与方法计算意象的信息量,由此表征出意象系统的序状态。整个意象评价系统其实是一个耗散结构,从无序变为有序,从意象模糊变为意象明确。该系统的信息量越大,其意象熵越小,认知主体对该意象的情感需求则越多,表示了系统的有序性;反之,信息量越少,意象熵越大,认知主体对该意象的情感需求也越少,反映出系统的无序性。

构建产品造型意象熵评价的步骤包括数据归一化处理、确定不同群体意象概率、确定不同群体意象熵值和确定不同群体意象权重等。

通过语义差分法让不同群体的用户对样本进行意象认知评价,经过均值法处理得到不同群体的意象评价矩阵 $\boldsymbol{X}$:

$$\boldsymbol{X} = \begin{bmatrix} x_{11} & x_{12} & \cdots & x_{1n} \\ x_{21} & x_{22} & \cdots & x_{2n} \\ \vdots & \vdots & & \vdots \\ x_{m1} & x_{m2} & \cdots & x_{mn} \end{bmatrix} \tag{2-10}$$

为减少评价过程中的误差,运用 Min-Max 标准化方法[21]对原始数据进行线性变换,见公式(2-11)。设 $\min x_j$ 和 $\max x_j$ 分别代表复合意象评价矩阵 $\boldsymbol{X}$ 中 j 意象的最小值和最大值,将 $\boldsymbol{X}$ 中的数值 x_{ij} 通过该方法将其同等置换为大小在区间[0,1]中的值 y_{ij}:

$$y_{ij} = \frac{x_{ij} - \min x_j}{\max x_j - \min x_j} \tag{2-11}$$

其中,y_{ij} 表示第 i 个样本的第 j 项复合目标意象评价数据归一化后的值;i 表示研究样本 $i=1,2,\cdots,m$;j 为目标意象 $j=1,2,\cdots,n$。

利用公式(2-11)对复合意象评价矩阵 $\boldsymbol{X}$ 中的数据进行标准化处理后得到决策矩阵 $\boldsymbol{Y}$:

$$\boldsymbol{Y} = \begin{bmatrix} y_{11} & y_{12} & \cdots & y_{1n} \\ y_{21} & y_{22} & \cdots & y_{2n} \\ \vdots & \vdots & & \vdots \\ y_{m1} & y_{m2} & \cdots & y_{mn} \end{bmatrix} \tag{2-12}$$

根据公式(2-13)可计算出不同群体意象所占比例 p_{ij}:

$$p_{ij} = \frac{y_{ij}}{\sum\limits_{i=1}^{m} y_{ij}} \tag{2-13}$$

其中,p_{ij} 表示第 i 个样本的第 j 项目标意象概率,$0 \leqslant p_{ij} \leqslant 1$。

将 p_{ij} 代入公式(2-14),得到意象评价矩阵 $\boldsymbol{X}$ 中第 j 项目标意象的意象熵值 I_j:

$$I_j = -k \sum_{i=1}^{m} p_{ij} \ln p_{ij} \tag{2-14}$$

从而确定不同群体意象权重 w_j:

$$w_j = \frac{1 - I_j}{\sum\limits_{h=1}^{n}(1 - I_h)} \tag{2-15}$$

运用意象熵模型可表征出"人"对"物"意象认知的不确定程度,从中探析不同群体的意象的重要程度,由此得出各群体的意象的权重值。

2. 实例研究

在确定代表性样本(图 2-22)和代表性感性意象的基础上,将其制作成 SD 调查问卷分别对用户、设计师、工程师 3 类人群进行调研并聚类分析,予以确定 3 个群体的目标意象集,如表 2-10 所示,并构建用户、设计师和工程师 3 者对研究样本的意象认知空间,如图 2-23 所示。

图 2-22　代表性样本

表 2-10　目标意象词汇分类

分　类	用　户	设　计　师	工　程　师	综　合
第1类	简洁度	简洁度	简洁度	简洁度
第2类	轻巧度 舒适度	轻巧度 舒适度	精致度 轻巧度 舒适度	舒适度
第3类	精致度 时尚度 高档度	精致度 时尚度 高档度	高档度 时尚度	时尚度

根据三者在设计研发过程中的权重对 50 名受测者进行访谈式调查,应用层次分析法(analytic hierarchy process,AHP)对数据进行分析,可得三者所占的权重向量 $L = (0.45, 0.38, 0.17)$。通过计算可得综合三者情感需求的意象评价结果,以此构建复合意象认知空间,如图 2-24 所示。

应用公式(2-11)对复合意象评价结果进行数据归一化处理,得到决策矩阵。

应用公式(2-13)和公式(2-14)计算综合三者情感需求的意象熵值 I_j:

$$\boldsymbol{I}_j = (0.9341, 0.9603, 0.9497)$$

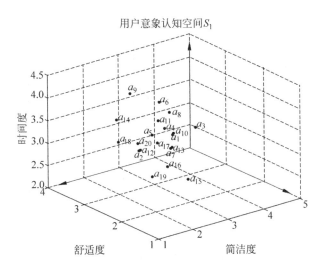

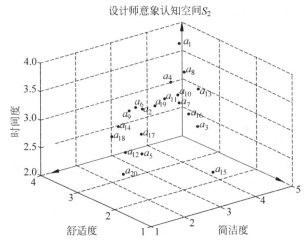

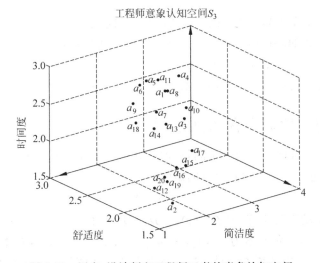

图 2-23 用户、设计师和工程师三者的意象认知空间

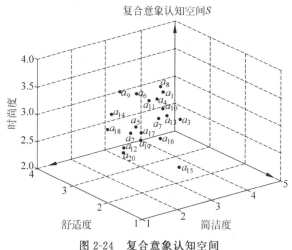

图 2-24 复合意象认知空间

为缩小极端值 0 对评价结果的影响,当 $p_{ij}=0$ 时,使其向右平移 0.0001 以保证结果的有效性。利用公式(2-15)可得到各目标意象的复合权重值 W:

$$W = (0.4229, 0.2546, 0.3225)$$

以此获得代表性样本的复合评价向量,从而通过分析得出较为适合的典型案例库。

2.5 潜在语义分析

潜在语义分析是杜迈斯(S. T. Dumais)等人于 1988 年提出的一种新的信息检索代数模型,是一种用于知识获取的计算理论和方法。它采用大量统计学计算的方法来寻找文本中词语之间存在的某种潜在语义结构,无须对文档语义编码,仅依靠上下文之间的潜在联系进行关键词的匹配即可。潜在语义分析除了被运用于文章的索引过程,也被运用于其他的领域。

潜在语义分析的基本思想是:把高维的向量空间模型(vector space model,VSM)表示中的文档映射到低维的潜在语义空间中。这个映射是通过对词汇/文档矩阵的奇异值分解(singular value decomposition,SVD)来实现的。

该分析过程包括构造指标潜在语义空间、降维、计算新样本的匹配值。

2.5.1 构造指标潜在语义空间

为了构建某些指标的潜在语义空间,选取部分样本构造分析矩阵 A_1,对 A_1 进行奇异值分解后,使其变成由三个语义空间组成的矩阵:

$$A_1 = D_1 S_1 W_1^T \tag{2-16}$$

其中,D_1 为 $m \times m$ 的正交矩阵(即 $D_1 \times D_1^T = D_1^T \times D_1 = I_m$,$I_m$ 为 $m \times m$ 的单位矩阵);W_1 为 $n \times n$ 的对角矩阵,对角元素为 $a_1, a_2, \cdots, a_{\min(m,n)}$;$D_1$ 代表 m 维样本空间的指标向量;W_1 代表 n 维指标空间中的样本向量;S_1 中的对角线上的值代表指标空间中信息含量的量化因子,都是正值,且呈递减趋势。

2.5.2　降维

通过降维可降低问题的复杂性。在指标综合评价中,仅去除非常小的因素进行降维,使包含的空间信息量尽可能多。设此时指标潜在语义空间的维数为 k,则降维之后的语义空间信息量 I 可表示为

$$I = \frac{\sum\limits_{i=1}^{k} S_i}{\sum\limits_{i=1}^{n} S_i} \times 100\%$$ (2-17)

其中,n 为指标潜在语义空间 $\boldsymbol{A}_1$ 的维数；k 为降维之后的维数；S_i 为矩阵 $\boldsymbol{S}_1$ 的第 i 个值。

2.5.3　计算新样本的匹配值

针对不同的研究对象,首先由消费者依据自身需求,通过观看美度看板,确定理想的指标值；其次将理想的指标值和新样本的指标值作为向量投射于指标潜在语义空间中；最后通过计算消费者需求与新样本之间的夹角余弦值来确定它们的匹配值。假设理想的指标向量为 $\boldsymbol{\alpha}_u$,为 $1 \times n$ 的矩阵,将理想的美度指标和实际样本的指标都投影于语义空间中,计算公式如下:

$$\boldsymbol{d}_u \cdot \boldsymbol{S}_k = \boldsymbol{\alpha}_u^{\mathrm{T}} \cdot \boldsymbol{D}_k$$ (2-18)

$$\boldsymbol{d}_n \cdot \boldsymbol{S}_k = \boldsymbol{\alpha}_n^{\mathrm{T}} \cdot \boldsymbol{D}_n$$ (2-19)

其中,$\boldsymbol{\alpha}_u$ 为理想的指标向量；$\boldsymbol{d}_u$ 为投影至语义空间的理想指标向量；$\boldsymbol{\alpha}_n$ 为某个新样本的指标投影向量；$\boldsymbol{d}_n$ 为投影至语义空间的新样本指标投影向量；$\boldsymbol{S}_k$ 为由 $\boldsymbol{S}_1$ 的前 k 行和前 k 列构成的矩阵；$\boldsymbol{D}_k$ 是由 $\boldsymbol{D}_1$ 的前 k 列构成的 $m \times k$ 的矩阵。

然后求出 $\boldsymbol{d}_u$ 与 $\boldsymbol{d}_n$ 之间角度 α 的余弦值:

$$\cos\alpha = \frac{\boldsymbol{d}_u \boldsymbol{S}_k \cdot \boldsymbol{d}_n \boldsymbol{S}_k}{|\boldsymbol{d}_u \boldsymbol{S}_k| \cdot |\boldsymbol{d}_n \boldsymbol{S}_k|}$$ (2-20)

该值代表了新样本与理想样本指标之间的匹配程度,夹角越小,综合评价越高。

通过潜在语义分析得出新样本指标与理想样本指标的匹配程度,并依照其高低得出综合评价序列。同步进行问卷调查,让消费者对新样本的指标进行赋值,统计求出平均值,并由高到低得出消费者调查序列。对比分析以上两个序列,验证基于潜在语义分析的形态指标综合评价方法的合理性。

2.5.4　案例研究

本节以卡通小狗脸部形态个性化设计为例对潜在语义分析进行介绍。运用所建立的卡通小狗脸部形态个性化智能设计系统生成的图案,对方法进行阐述,选择 10 个实验样本如图 2-25 所示。

首先,运用美度指标计算公式获得各样本美度值,见表 2-11,并建立形态美度评价矩阵 $\boldsymbol{A}_0$。

图 2-25　实验样本

表 2-11　形态美度评价矩阵　　　　　　　　　　　　　　　　%

样　　　本	中心协调度	均　衡　度	节　奏　度	比　例　度
B1	0.85	0.57	0.49	0.83
B2	0.59	0.52	0.52	0.88
B3	0.97	0.88	0.56	0.97
B4	0.63	0.52	0.39	0.90
B5	0.67	0.60	0.59	0.87
B6	0.99	0.95	0.56	0.97
B7	0.60	0.58	0.48	0.99
B8	0.80	0.61	0.53	1.00
B9	0.71	0.53	0.36	0.95
B10	0.90	0.87	0.55	1.00

其次,选取前 5 个样本构造语义空间 A_1,其余作为验证样本,根据式(2-16),对 A_1 进行奇异值分解,分别得出 D_1、S_1、W_1 三个矩阵。

$$D_1 = \begin{bmatrix} -0.5304 & -0.5901 & 0.3269 & 0.5134 \\ -0.4437 & -0.4167 & -0.3687 & -0.7026 \\ -0.3602 & 0.2952 & -0.7609 & 0.4518 \\ -0.6261 & 0.6253 & 0.4220 & -0.1969 \end{bmatrix}$$

$$S_1 = \begin{bmatrix} 3.1706 & 0 & 0 & 0 \\ 0 & 0.2574 & 0 & 0 \\ 0 & 0 & 0.1403 & 0 \\ 0 & 0 & 0 & 0.1198 \end{bmatrix}$$

$$W_1 = \begin{bmatrix} -0.4415 & -0.2930 & 0.3220 & 0.7828 & -0.0531 \\ -0.4043 & 0.5398 & -0.1649 & -0.0070 & -0.7196 \\ -0.5406 & -0.6495 & -0.1717 & -0.4869 & -0.1394 \\ -0.4002 & 0.3477 & 0.6938 & -0.3586 & 0.3302 \\ -0.4349 & 0.2829 & -0.5986 & 0.1470 & 0.5924 \end{bmatrix}$$

再次,进行降维后得到空间维度 $k=4$。通过观察美度看板确定理想样本的美度值表值为(0.9,0.9,0.7,1.0)。根据公式(2-18)和公式(2-19),分别将理想样本美度指标向量和 5 个验证样本的美度指标向量投影于美度指标潜在语义空间,分别得到投影向量 d_u 和 d_n。

最后,根据公式(2-20)求出 d_u 和 d_n 之间角度 α 的余弦值,按匹配程度进行综合美度评价排名,并进行问卷调查,将平均评价进行排序,将两个序列结果进行对比分析,见表 2-12。

表 2-12　分析结果

样本序号	潜在语义分析			消费者调查	
	$\cos\alpha$	$\alpha/(°)$	排名	美感评价	排名
6	0.712	44.585	1	0.690	1
7	0.050	87.152	3	0.490	3
8	−0.339	109.833	4	0.530	2
9	−0.568	124.618	5	0.400	5
10	0.672	47.790	2	0.470	4

由表 2-12 可知,新样本的消费者评分结果与基于潜在语义分析的形态美度综合评价结果基本相符,这说明该方法具有科学性和实用性,并在无需对大量样本进行主观调查的情况下能较准确地完成形态美度的综合评价,从而能有效辅助智能设计系统筛选出符合消费者客观审美的形态,具有简单、客观和精度较高的特点。

第3章

产品形态描述

3.1 形态分析法

产品的形态传达着不同的目标情感寄托,产品外在形态是由产品造型设计要素构造而成,需挖掘造型设计要素与目标意象间的映射关系。人在接收到新产品时,会凭借以往的经验、知识将其定性描述、解码,由主观面到客观面地进行视觉转换分析。形态分析法是根据形态学分析事物,以"旧要素的新组合"作为核心思想。

形态分析法是由加州理工学院天体物理学家弗里茨·兹维基(Fritz Zwicky)教授提出的一种应用形态学理论来引导创新性设计的非定量研究方法[22]。该方法从功能和结构等特征出发将目标对象解构成诸多互相不可替换的独立的子目标,分别提供各种解决问题的办法,最终形成解决整个问题的总方案。

在产品造型创新设计中,主要应用形态图表的方式,先将不同级别的可能方案构建列出,再通过组合的方式判断有效解,如图 3-1 所示。其主要步骤包括:

(1) 确定研究对象;

(2) 将整个研究对象形态分解为若干个独立要素;

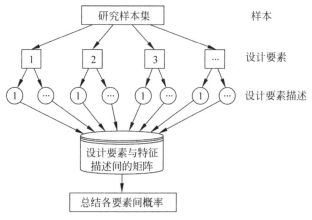

图 3-1 形态分析法示意图

（3）对所有要素进行定性化描述；

（4）构建设计要素与特征描述之间的多维矩阵；

（5）总结各设计要素出现的概率。

产品造型特征作为产品本身情感外显化的重要标志，在进行造型解析过程中，可从用户的整体角度出发进行，用产品外观特征取代产品构件。先将产品外观特征进行物理特征和逻辑特征的解析，再将物理特征分为主特征、附加特征，将逻辑特征分为过渡特征和相关特征，以此达到对产品造型进行解析的目的。

例如，运用形态分析法对机床的设计要素进行分类得到（见表2-5）。

3.2 参数模型法

产品意象造型设计中参数模型法主要是以定性和定量相结合的方式描述产品样本，是在大量收集产品样本的基础上，归纳出产品造型设计要素项目及其类目。参数模型法对样本进行参数化是与产品造型设计要素分解同步进行的。

参数模型法参数化样本的主要步骤如下：

（1）确定造型设计目标。确定造型设计目标只是需要确定整体设计目标，而非具体的设计方案。

（2）要素提取。确定造型设计的主要设计要素，其对应产品需满足消费者的功能需求、情感意象需求。设计要素不宜太多或太少，一般为5～10个。

（3）造型分析。按照整体设计目标和功能、情感需求列出所有设计要素可能的形态，此过程需具备全面的工业设计基础知识和设计经验，予以确保考虑到所有设计要素。

（4）编制形态表。将形态分析结果编入形态表内，设计要素以 i 表示，设计要素的元素以 j 表示，元素的具体表现形式以 p 表示。对不同元素的表现形式 p 设定对应参数，以此构成产品样本参数。

3.3 曲线控制法

曲线控制法是产品样本参数化的重要方法之一，其主要利用贝塞尔曲线来描述产品形态。贝塞尔曲线是由起始点、终止点、两个中间点构成，通过移动中间点的位置，可改变曲线的形状。贝塞尔曲线具有几何不变性、凸包性、保凸性、变差减小性和局部支撑性等优良性能。

造型曲线对应意象造型设计中的产品形态，研究样本参数化实际上是对造型曲线关键控制点进行参数化。在产品造型样本参数化表示中，来自雷诺（Renault S. A.）汽车公司的贝塞尔第一次成功地将多项式表达曲线应用于产品造型设计中，公式（3-1）为 n 次贝塞尔曲线的数学表达式[23]。

$$P(t) = \sum_{i=0}^{n} P_i J_{i,n}(t), \quad t \in [0,1]$$
$$J_{i,n}(t) = \frac{n!}{n!\ (n-1)!} t^i (1-t)^{n-i} \qquad (3-1)$$

其中,t 为区间 $[0,1]$ 上的实数,可用贝塞尔曲线的数学表达对造型特征线进行统一的参数化表示。

通过贝塞尔曲线,产品造型参数可由若干造型曲线控制点坐标值组成,进而利用控制点坐标值进行产品意象造型设计。如图 3-2 所示,在贝塞尔曲线中,产品造型曲线参数分为两种,即曲线锚点(表示为 $A_i,i=1,2,\cdots,n$)和曲率控制点(表示为 $B_i,i=1,2,\cdots,n$)。通过两种曲线参数的组合构成产品样本造型参数。

曲线控制法参数化样本的主要步骤如下:

(1) 确定产品研究样本关键控制点,并定位关键控制点坐标值;

(2) 利用一定的插值或拟合方式构造曲线方程,并以曲线方程建立样条线;

(3) 通过控制产品样本关键点参数来表达样本造型。

例如,运用曲线控制法对汽车样本的形态进行参数化,如图 3-3 所示,其主要通过关键点控制各造型线,进而定位各关键点的坐标值,以此作为参数化样本。利用 10 个关键点控制汽车样本的顶端线,利用与其他造型线的关系来参数化样本,并记录其坐标值为后续研究提供数据。

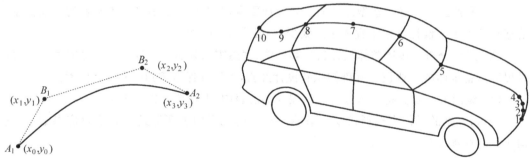

图 3-2　贝塞尔曲线　　　　　　　　图 3-3　汽车轮廓的关键控制点

汽车样本轮廓顶端线由 10 个关键点控制,而车窗的上沿线和下沿线组成了车窗侧面形状的窗沿线,其与顶端线的高度有着紧密关系,可以用顶端线的关键点来表示,由于轮胎位置与车底线对感性意象的影响很小,可以忽略,因此在产品设计中固定其不动。每个关键点由 (y,z) 坐标表示,为简化问题,设置 x 坐标轴与顶端线重合,通过控制各关键点的坐标变化来调整侧面造型线的坐标。

3.4　频谱分析法

频谱分析法通过对空间形态信号的转化生成形态的频谱信号来描述形态特征,在复杂产品形态的描述上可以表现出独特的性能,且具有操作简单、鲁棒性好的特点。其基本思想是根据空间形态的时域轨迹得出形态的时域信号,之后对其采用傅里叶转换,将其转化为频域,最终生成产品形态的频谱信号。

对于相对复杂的产品形态描述,特别是自由曲面造型,具有简便独特的性能。通过频谱参数的傅里叶逆变换,即实现产品形态重建。产品样本造型的具体细节特征由频谱信息的高频信号表示,产品样本造型的总体形态由频谱信息的低频信号表示。频谱分析法目前还处于研究阶段,将来可利用海量数据对产品进行意象造型设计,解决曲线控制法和参数模型法中样本参数有限,不能完全表达产品造型设计要素的缺点。

频谱分析法的主要算法步骤为:预处理、形态信号提取、信号标准化和傅里叶转换。

(1)预处理。将样本图片转化为灰色图像,进行图像分割滤除背景,保留产品的轮廓特征,以此获得样本轮廓坐标。

(2)形态信号提取。将产品形态轮廓信息的直角坐标转化为用极坐标的形式表示,以极坐标系中的极半径和方位角描述产品形态。根据形态轮廓坐标信息(x_j,y_j),其中$j=0$,$1,\cdots,n-1$,计算形态的直角坐标平均值即中心坐标为(x_c,y_c):

$$x_c=\frac{1}{n}\sum_{j=0}^{n-1}x_j, \quad y_c=\frac{1}{n}\sum_{j=0}^{n-1}y_j \tag{3-2}$$

而后将其转化为极坐标形式(r_j,θ_j):

$$\left.\begin{array}{l} r_j=\sqrt{(x_j-x_c)^2+(y_j-y_c)^2} \\ \theta_j=\arctan\dfrac{y_j-y_c}{x_j-x_c} \end{array}\right\} \tag{3-3}$$

(3)信号标准化。为保证经过预处理后获得的轮廓坐标点的数量和大小,与后续的傅里叶转换阶段实现匹配关系,需要对坐标点进行采样点数量和大小的标准化处理。为了便于快速傅里叶变换,采样点的数量一般为2的整数次幂。通过改变采样点的数量,可以调整形状描述的准确性。

(4)傅里叶变换。由于产品形态为封闭曲线,信号$r_g(t)$按傅里叶级数展开:

$$r_g(t)=\sum_{m=-\infty}^{\infty}a_m\mathrm{e}^{-2\pi imt} \tag{3-4}$$

其中,$t=k/N(k=0,1,2,\cdots,N-1)$,表示在产品形态上第$k$个点的位置,对应极坐标为$(\theta_g(t),r_g(t))$。

由傅里叶变换可得到傅里叶系数:

$$a_m=\frac{1}{N}\sum_{k=0}^{N-1}r_g(k)\mathrm{e}^{-2\pi imk/N} \tag{3-5}$$

其中,a_m表示各次谐波的幅值,$m=0,1,2,\cdots,N-1$。

可通过傅里叶逆变换实验比较,选取适量傅里叶系数即可重建产品的形态,并以此构建得出产品形态特征的空间向量。

如图3-4将香水瓶进行解构为瓶身形态和瓶盖形态,分别对这两个设计形态进行描述,以此获得形态的数学参数。

在研究案例中,样本图片的原始图像为200×200像素点,产品轮廓信息保持在500像素点左右。因此,选择$N=2^9$(即512)个采样点,可使轮廓特征与产品形态保持一致。通过公式(3-4)、公式(3-5)最终获得形态要素的傅里叶系数。

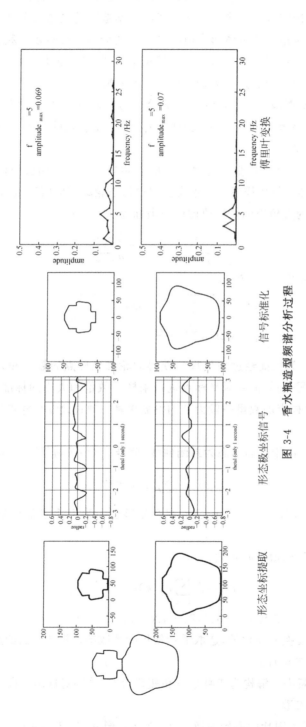

图 3-4 香水瓶型造型频谱分析过程

　　通过视觉比较,选取前 32 个傅里叶系数的幅值进行产品形态的描述。因此,提取香水瓶原型形态样本瓶身和瓶盖形态的傅里叶系数,得到意象原型设计中瓶盖与瓶身形态的频谱信号,以此为基础进行形态耦合设计,如表 3-1 所示。

表 3-1　香水瓶原型形态样本瓶身和瓶盖形态的频谱信号

	频谱信号								
	0	1	2	3	4	5	6	⋯	31
瓶盖形态	6.2100	0.0513	0.0239	0.0328	0.0308	0.0692	0.0212	⋯	0.0026
瓶身形态	9.4300	0.0066	0.0090	0.0684	0.0169	0.0699	0.0207	⋯	0.0004

第4章

产品形态设计要素的辨识

4.1　设计要素的划分

产品设计的基本要素主要包含人、技术、环境、形态等方面。

1. 人的要素

产品设计的核心是人,主要体现在设计出来的产品首先要满足使用者的生理需求,在达到功能要求的同时要考虑到产品的性能,即要满足使用者的心理需求,同时满足使用者的价值观、认知行为和行为意识等。人的因素是产品设计过程中不可缺少的、也是最重要的一环,是产品设计的关键所在。没有人的因素的参与,设计将无法体现其价值和意义。因此产品设计的发展在某种程度上代表着使用者需求的发展。

2. 技术要素

技术要素是指在产品生产过程中要考虑到生产技术、材料加工及表面处理等因素,是使产品设计由创意变为现实产品的关键性步骤。随着科技的发展进步,越来越多的新材料、新技艺、新原理、新结构等使新产品的出现成为可能,同时,产品设计也使很多种高科技成果转化为新产品,满足人们不断发展的需求。产品设计流行的趋势是技术发展的综合体现,由此形成了文化、生活及审美三者的综合显示。

在未来的产品设计方面,要重点使用新材料、新技术,这也预示着未来需要更智慧、更科技的设计。同时,计算机技术的发展也是设计不可或缺的推动力,更多的技艺表现及辅助制造依赖于先进的计算机系统,如计算机辅助设计(CAD)、计算机辅助制造(CAM)、网页设计、三维动画等。作为设计师要时刻关注技术的变革及发展,才能借助技术的力量设计出能够更好地满足使用者各种需求的新产品。

3. 环境要素

任何产品都不能孤立存在,而是存在于一定的环境系统中,并对这个系统产生着某种联系与影响,只有与特定的环境系统相结合,才能表现出真正的产品生命力。

环境要素主要指设计师在对产品进行设计时,其周围的环境与条件。新产品设计的成功与否不仅取决于设计师的设计能力和设计条件,同时也与周围的设计环境有着密切的关系,这种环境要素众多,如政治环境、文化环境、科技环境、经济环境等。这些环境要素都与设计紧密联系在一起,因此一件产品的设计成功与否,还要考验到设计师利用综合环境要素的能力。

未来的产品设计应该是与周围环境有机融合的设计,要重视与自然环境的协调性,同时要合理、高效地运用资源,减少使用不必要的材料,最大限度地节约资源、降低消耗,在满足人们生活需求的同时,提高人们的精神生活质量。

4. 产品形态要素

产品设计是一种将美学和实用功能相结合的造型活动。所设计的产品要遵循人类的基本审美,其设计过程要遵循基本设计法则,即比例与尺度、均衡与稳定、对比与统一、节奏与韵律等。例如,对称或者规则形状会使产品显示出严谨,有利于营造庄严、宁静的氛围;圆形能够显示出包容,有利于营造活泼、圆满的氛围;而自由曲线使产品富有动感,有利于营造热烈、自由的氛围。

产品的形态主要由点、线、面三大要素组成,以此构建不同的形态单元,再由面构建成体,以这些简单的单元体现出用户对产品的意象认知。除此之外,色彩也会对用户的意象认知产生较大的影响,不同的色彩、明度、色相等会使用户产生不同的心理感受,例如,红色代表热情,绿色给人一种富有生机的感受等。

4.2　多元方差分析法

多元方差分析法是设计变量惯用的数理统计分析方法之一,它是在设计对象形态分解的基础上,进行正交试验,进而验证各要素对因变量(感性意象)的影响程度和各要素间的相互作用。

在产品参数辨识中,运用多元方差分析法进行分析的步骤包括:

(1) 确定设计参数的水平数和变量数,然后设计正交试验表;

(2) 根据正交表中设计参数的不同组合,建立三维造型,并以受试者对感性意象词的评价作为试验指标;

(3) 对评价结果进行多元方差分析,计算出各参数以及各参数之间相互作用的方差值,并根据给定的显著性水平进行检验。对感性意象词显著的参数视为个性参数,将对其不显著的参数视为平台参数。

例如,朱斌等人对自行车进行解构,即车架通常由上管、下管、前管、立管、平叉和后叉等部分组成[24]。为了方便正交实验,仅取一种车架形状的拓扑结构作为研究对象,并仅以下管水平角 α_1、立管水平角 α_2 和上管水平角 α_3 作为设计参数,如图 4-1 所示。其中,上管取三种水平,下管和立管各取两种水平,如表 4-1 所示。

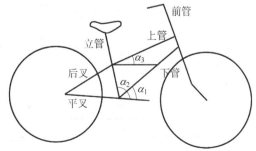

图 4-1　自行车车架试验参数

表 4-1　设计参数及各水平值

水平	下管水平角 α_1/(°)	立管水平角 α_2/(°)	上管水平角 α_3/(°)
1	40	104	0
2	45	110	12
3	45	110	24

按照表 4-1 参数设计正交表,并根据每行参数值在 CAD 软件(如 Pro/E)中进行车架的三维参数化造型,可得到 9 款不同形状的车架,如图 4-2 所示。

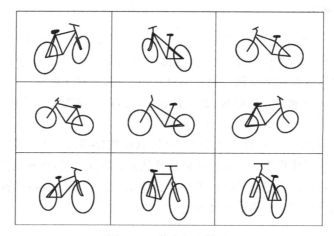

图 4-2　9 款自行车模型

采用七级量表的 SD 调查法对上述 9 款自行车进行评价,将其结果在 SPSS 软件中进行多元带重复实验的方差分析,输出结果如表 4-2 所示,以此进行分析。

表 4-2　方差分析结果

变异来源	因变量	Ⅲ型方差	自由度	方均根 RMS	统计量 F 值	P 值
矫正的模型	K_1	27.667	3	9.222	5.270	0.027
	K_2	22.917	3	7.639	3.526	0.068
截距	K_1	176.333	1	176.333	100.762	0.000
	K_2	168.750	1	168.750	77.885	0.000
α_1	K_1	0.333	1	0.333	0.190	0.674
	K_2	0.083	1	0.083	0.038	0.849
α_2	K_1	0.333	1	0.333	0.190	0.674
	K_2	4.083	1	4.083	1.885	0.207
α_3	K_1	27.000	1	1.750	15.429	0.004
	K_2	18.750	1	2.167	8.654	0.019
误差	K_1	14.000	8			
	K_2	17.333	8			
合计	K_1	218.000	12			
	K_2	209.000	12			
校正的合计	K_1	41.667	11			
	K_2	40.250	11			

表 4-2 中因变量 K_1 表示感性词"传统-现代"，K_2 表示感性词"亲切-冷漠"。从输出结果中可以看出，α_3 对 K_1 的 F 值和 P 值分别为 15.429 和 0.004；α_3 对 K_2 的 F 值和 P 值分别为 8.654 和 0.019，即按 0.05 检验水准，可以认为 α_3 对 K_1 和 K_2 均有显著的影响，是影响顾客感官评价的个性参数；而 α_1 和 α_2 对 K_1、K_2 的 F 值均比较小，而 P 值都比较大，即对 K_1 和 K_2 没有显著的影响，可将它们视为对顾客感官影响较小的平台参数。

4.3　灰色关联分析法

4.3.1　基本概念

灰色关联分析法是依据因素间发展趋势的类似程度，来权衡因素间关联程度的定量研究方法[25]，它为系统发展变化态势提供了一种量化的度量，可用于研究系统内部多种因素间繁杂的相互作用及影响。灰色关联程度的顺序排列，可辨别产品形态对感性意象认知的影响水平，从而有效地分析产品形态设计中的要素变量。

在产品设计中，运用灰色关联分析法进行分析的步骤主要有分析产品形态和造型意象、确定决策矩阵、序列正规化、计算差序列矩阵、计算灰关联系数、计算灰关联度、灰关联度排序等。

1. 分析产品形态和造型意象

从系统的观点来看，一个产品由不同的设计元素组合而实现。因而依据形态分析法，在大量收集产品样本的基础上，首先选出具有代表性的样本，然后归纳出产品的造型设计元素及其分类。假设得出的产品造型类目数为 m，则其中一个产品形态可描述为

$$\boldsymbol{x}(k) = (x_1(k), x_2(k), \cdots, x_m(k))^{\mathrm{T}} \tag{4-1}$$

其中，$k=1,2,\cdots,n$，代表样本数，总样本数为 n。

针对目标产品收集整理大量感性词汇，首先通过语义差分法调查、因子分析和聚类分析，筛选出最具代表性的几组意象词。然后与代表性的样本组合成语义差分法调查问卷，进行感性意象调查，则用户对 n 个样本的造型意象评价值可描述为

$$\boldsymbol{x}_0(k), \quad k=1,2,\cdots,n \tag{4-2}$$

2. 确定决策矩阵

决策矩阵 $\boldsymbol{D}=[x_i(k)]$，其元素由公式(4-1)描述的产品形态和公式(4-2)描述的造型意象评价值构成：

$$\boldsymbol{D} = \begin{bmatrix} x_0(1) & x_0(2) & \cdots & x_0(n) \\ x_1(1) & x_1(2) & \cdots & x_1(n) \\ \vdots & \vdots & & \vdots \\ x_m(1) & x_m(2) & \cdots & x_m(n) \end{bmatrix} \tag{4-3}$$

其中，$\boldsymbol{x}_0(k),k=1,2,\cdots,n$ 为参考序列，其余 m 组序列为比较序列，每个序列包含 n 个因子。即 n 个样本的感性评价值为参考序列，作为比较序列的关联对象，m 组造型元素类目序列为比较序列。

3. 序列正规化

正规化矩阵为

$$S = \left[x_i^*(k) \right] = \left[\frac{x_i(k)}{\frac{1}{n} \sum_{k=1}^n x_i(k)} \right] \qquad (4\text{-}4)$$

其中，$i = 0,1,2,\cdots,m$。

4. 计算差序列矩阵

采用距离法计算差序列矩阵。将正规化矩阵 $[x_i^*(k)]$ 中每一列都减去 $x_0(k)$ 并取绝对值，即可得差序列矩阵：

$$\Delta = \begin{bmatrix} |x_1^*(1) - x_0(1)| & |x_1^*(2) - x_0(2)| & \cdots & |x_1^*(n) - x_0(n)| \\ |x_2^*(1) - x_0(1)| & |x_2^*(2) - x_0(2)| & \cdots & |x_2^*(n) - x_0(n)| \\ \vdots & \vdots & & \vdots \\ |x_m^*(1) - x_0(1)| & |x_m^*(2) - x_0(2)| & \cdots & |x_m^*(n) - x_0(n)| \end{bmatrix} \qquad (4\text{-}5)$$

5. 计算灰关联系数

灰关联系数为

$$r(x_0(k), x_i(k)) = \frac{\Delta_{\min} + \xi \Delta_{\max}}{\Delta_{0i}(k) + \xi \Delta_{\max}} \qquad (4\text{-}6)$$

其中，ξ 为辨识系数，主要功能为调整两物体之间的对比程度，$\xi \in [0,1]$。后续计算出的灰关联度若过于接近，则不利于辨识参数，而通过调整辨识系数 ξ，可强化关联度的对比。通常辨识系数越小，关联度对比越强。

$$\Delta_{0i}(k) = |x_0^*(k) - x_i^*(k)| \qquad (4\text{-}7)$$

$$\Delta_{\min} = \min_i \min_k |x_0^*(k) - x_i^*(k)| \qquad (4\text{-}8)$$

$$\Delta_{\max} = \max_i \max_k |x_0^*(k) - x_i^*(k)| \qquad (4\text{-}9)$$

灰关联系数 $r(x_0(k), x_i(k))$ 表示参考序列与比较序列的相关程度，其数值范围为

$$0 \leqslant r(x_0(k), x_i(k)) \leqslant 1$$

6. 计算灰关联度

灰关联度为灰关联系数的平均值，即

$$r(x_0, x_i) = \frac{1}{n} \sum_{k=1}^n r(x_0(k), x_i(k)) \qquad (4\text{-}10)$$

7. 灰关联度排序

灰关联度排序是分析与决策的关键依据，当灰关联空间中比较数列 $x_i(k), k=1,2,\cdots,n$ 与 $x_j(k), k=1,2,\cdots,n$ 进行比较时，若 $r(x_0,x_i) > r(x_0,x_j)$，则表示 $\{x_i(k)\}$ 对参考数列 $\{x_0(k)\}$ 的关联度大于 $\{x_j(k)\}$ 对 $\{x_0(k)\}$ 的关联度。

4.3.2　实例分析

以轿车侧轮廓为实例。首先,以生活和网络为来源,收集大量轿车(含轿跑)侧视图图片,并从中选择出 50 个作为实验样本,如图 4-3 所示为前 10 个样本。

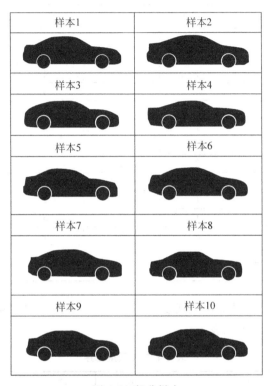

图 4-3　部分样本

然后,在二维软件中将样本全部量化,如图 4-4 所示。在侧轮廓上定义 27 个关键点,各个关键点坐标的变动将直接影响到侧轮廓形态的变化,同时也将作为划分侧轮廓造型元素类目的依据。

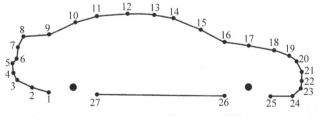

图 4-4　汽车侧轮廓关键点

依据关键点将侧轮廓造型划分为以下 13 个元素类目:车头造型 A1、车头厚度 A2,车头下端轮廓 A3、前引擎盖角度 B1、前引擎盖弧度 B2、顶篷造型 C、后备箱盖造型 D、车尾造型 E1、车尾厚度 E2、车尾下端轮廓 E3、前引擎盖长与顶篷长比例 F、后备箱长与顶篷长比例 G、车长与车高比例 H。

通过广泛收集、初步筛选、问卷调查、因子分析、聚类分析等过程,确定动感的、时尚的、大气的、流线的、稳重的、个性的等 6 个代表性意象词。结合前面的 50 个样本进行问卷调查,表 4-3 所示为造型元素类目与感性意象评价值。

表 4-3   造型元素类目与感性意象评价值

样　　本		样本 1	样本 2	样本 3	…	样本 50
造型元素类目	A1	3	1	3		1
	A2	3	5	3		3
	A3	1	1	4		2
	B1	3	2	3		5
	B2	1	1	3		2
	C	1	3	2		2
	D	1	1	5	…	2
	E1	2	2	1		1
	E2	4	4	4		3
	E3	1	2	1		2
	F	4	4	5		2
	G	3	3	1		2
	H	2	3	2		2
感性意象	动感	2.94	3.34	3.28	…	4

据此构建出决策矩阵,计算灰关联度并将其排序。在此分别选取辨识系数 ξ 值为 0.2、0.3、0.4,其计算和排序结果见表 4-4。

表 4-4 灰关联度排序

造型要素	$\xi=0.2$	排名	$\xi=0.3$	排名	$\xi=0.4$	排名
A1	0.483	13	0.573	13	0.635	13
A2	0.611	7	0.688	7	0.739	7
A3	0.56	12	0.643	12	0.699	12
B1	0.616	6	0.691	5	0.74	4
B2	0.645	2	0.721	2	0.769	2
C	0.577	9	0.659	9	0.713	10
D	0.617	4	0.691	6	0.739	6
E1	0.617	5	0.693	3	0.743	3
E2	0.563	11	0.645	11	0.7	11
E3	0.57	10	0.657	10	0.713	9
F	0.68	1	0.75	1	0.794	1
G	0.618	3	0.691	4	0.74	5
H	0.592	8	0.665	8	0.714	8

根据排序结果,造型元素 B1、B2、D、E1、F、G 对感性意象“动感的”影响较大,则其为个性参数;而 A1、A3、E2、E3 影响较小,则其为平台要素;A2、C、H 影响居中,可依据设计资源配置其为个性参数或平台参数。因此,在设计实践中若要设计动感意象的汽车,则侧轮廓方面需重点设计前引擎盖角度、前引擎盖弧度、后备箱盖造型、车尾造型、前引擎盖长与顶篷长比例和后备箱长与顶篷长比例。

4.4　粗糙集理论

随着大数据时代的到来,计算机技术和互联网快速发展,大数据集的出现给包括粗糙集在内的许多智能计算方法带来了巨大的挑战,粗糙集理论作为一种数据挖掘技术任重而道远。粗糙集理论在科学和工程等领域中运用的成功案例充分地证明了它的有效性。

4.4.1　基本概念

粗糙集以经典集合论作为理论基础。将认知科学、心理学和哲学等抽象、不精确和不完备的基本信息集合化,进行知识的表达和知识运算等研究[26]。

定义 1　设 U 是研究对象的非空有限集合,称为一个论域。论域的任何一个子集 $X \subseteq U$,称为论域的一个概念或知识。

定义 2　设 R 是论域 U 上的等价关系,若 $R \in P$,且 $P \neq \varnothing$,则 P 中所有的等价关系的交集仍然是论域 U 上的一个等价关系,称为 P 上的不可分辨关系,记为 $\mathrm{IND}(P)$。$\mathrm{IND}(P)$构成 U 的一个划分,用 $U/\mathrm{IND}(P)$表示,简记为 U/P。而且,对于 $\forall x \in U$:

$$[x]_{\mathrm{IND}(P)} = [X]_P = \bigcap_{\forall R \in P} [x]_R \tag{4-11}$$

粗糙集理论中,不可分辨关系是一种基本的概念。当属性 u、v 与不可分辨关系 $\mathrm{IND}(P)$在同一个等价类中时,等价关系簇 P 无法区分属性 u 和属性 v,这时,等价关系簇 P 与属性 u、v 之间存在不可分辨关系。

以上是经典的粗糙集理论意义下的粗糙集概念。部分学者用上下近似构成的偶对 $(RX, R\text{-}X)$ 称为 X 的粗糙集,但其核心总在于下近似、上近似的概念。

定义 3　设 R 是论域 U 上的等价关系,设知识库 $K = (U, S)$,U 为论域,S 为论域 U 上的等价关系簇。则对于任意知识 $X \subseteq U$ 关于等价关系 R 的上近似和下近似分别为

$$R^*(X) = \{x \mid (\forall x \in U) \wedge ([x]_R \subset X)\}$$
$$= \bigcup \{Y \mid (\forall Y \in U/R) \wedge (Y \subset X)\} \tag{4-12}$$

$$R_*(X) = \{x \mid (\forall x \in U) \wedge ([x]_R \bigcap X \neq \varnothing)\}$$
$$= \bigcup \{Y \mid (\forall Y \in U/R) \wedge (Y \bigcap X \neq \varnothing)\} \tag{4-13}$$

集合 $\mathrm{NEG}(X)$ 为 X 的 R 负域 $\mathrm{NEG}(X) = U - R^*(X)$;$\mathrm{BN}(X)$ 为 X 的 R 边界域,$\mathrm{BN}(X) = R^*(X) - R_*(X)$;$\mathrm{POS}(X)$ 为 X 的正域,$\mathrm{POS}(X) = R_*(X)$,如图 4-5 所示。

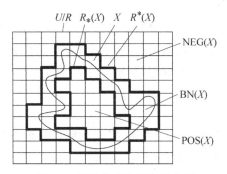

图 4-5　粗糙集基本概念示意图

4.4.2 知识约简

粗糙集理论的应用核心是知识约简,其中"知识"就是一种对于对象的分类能力,而"对象"是指人类认知范围内的一切事物,如三维实物、虚拟状态和抽象的概念等。知识约简,就是在保持知识库中的分类能力不变的情况下,对知识库中冗余的属性进行删除的过程。所用的方法也很多,比如基于差别矩阵的知识约简、决策表的知识约简和基于信息系统的属性约简等,本书中根据研究属性的特性选择了基于决策表的盲目属性知识约简算法。

定义4 在决策表DT中,对任意a_j,若a_j满足公式(4-14):

$$\text{POS}_{\text{IND}(C-\{a_j\})}(D) = \text{POS}_{\text{IND}(C)}(D) \quad (4\text{-}14)$$

则称a_j在C中是D不必要的,或者说a_j在C中相对于决策D是冗余的;反之,则称a_j在C中是D必要的,C中所有D必要的属性集称为D核,记为$\text{CORE}(D) = B$,流程如图4-6所示。

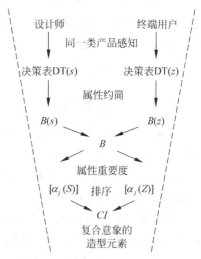

图4-6 设计师和终端用户意象造型要素的辨识系统研究流程图

在决策表中删除某属性的情况下,决策表的分类能力(条件属性相对于决策分类的能力)变化越大,说明该属性相对于决策就越重要。反之,则不重要。

4.4.3 属性重要度排序

定义5 决策表DT中,取$\forall a_j \in B$,定义:

$$\text{sig}(a_j, B, D) = \frac{|\text{POS}_B(D)| - \text{POS}_{B-\{a_j\}}(D)}{|U|} \quad (4\text{-}15)$$

为条件属性a_j对条件属性集B相对于决策属性D的重要度。

依次计算出条件属性a_j的属性重要度N_j,且$0 < N_j < 1$,按照从大到小的顺序依次排列,可以得出条件属性对于决策属性的影响程度的排列。

4.4.4 实例分析

选取折弯机为例运用粗糙集理论进行产品造型要素辨识。对折弯机的造型分析结果,如图4-7所示,分别是上夹板、油缸罩壳、工作立板、左右防护和后部增板,还有平面设计标示位置和主色相,一共有7项"目标标记"要素。

1. 构建决策表

运用形态分析法,解析折弯机造型要素,将复杂的产品造型分解为若干个子要素,且将子要素符号化,形成数据集合,如表4-5所示。

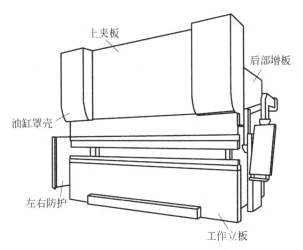

图 4-7　折弯机的造型要素

表 4-5　折弯机造型要素信息表

设计项目		造型要素		
		1	2	3
A 整体外观	a_1 上夹板	长方体	顶端弧度	前长方体
	a_2 油缸罩壳	长方体	圆弧面	圆柱体
	a_3 工作立板	长方体	倒梯形	变化型
	a_4 左右防护	钢板	透明窗	无
	a_5 后部增板	长方体	顶部斜角	顶部圆角
B 细部	a_6 标示位置	斜角	对角线	对称型
C 色彩	a_7 主色相	冷色系	暖色系	灰色系

　　下面以"现代的"决策属性为例进行说明,完成情感意象挖掘,并且经过离散化处理后的数据与形态分析后的数据相结合,得到设计师和终端用户的决策表 DT(s) 和 DT(z),表 4-6 为设计师 d_1(现代的)决策表。

表 4-6　折弯机"现代的"决策表(设计师)

U	a_1	a_2	a_3	a_4	a_5	a_6	a_7	现代的
1	1	1	1	1	1	2	1	1
2	1	1	1	1	1	2	3	2
3	3	2	2	3	3	3	1	2
4	3	2	3	2	1	3	2	2
5	1	1	3	1	1	2	3	3
6	2	1	2	3	3	1	1	3
7	3	1	3	3	1	1	3	3
8	3	2	1	1	2	3	2	1
9	3	2	1	1	2	3	2	2
10	1	2	1	3	1	3	3	1
11	3	1	3	2	1	1	2	2

续表

U	a_1	a_2	a_3	a_4	a_5	a_6	a_7	现代的
12	3	1	1	2	1	1	1	1
13	2	2	3	3	3	1	2	3
14	3	2	3	3	1	2	2	2
15	1	1	1	1	3	3	2	1
16	2	2	2	1	3	1	2	3
17	1	3	3	3	1	2	2	1
18	2	1	3	2	3	3	3	2
19	3	1	3	1	2	3	1	3
20	3	2	3	1	1	1	3	2

2. 情感意象造型要素的辨识

运用 MATLAB 软件处理数据,以设计师的决策 d_1(现代的)为例,得出:$\mathrm{IND}(C-\{a_7\})=\{\{1,2\},\{8,9\},\{3\},\{4\},\{5\},\{6\},\{7\},\{10\},\{11\},\{12\},\{13\},\{14\},\{15\},\{16\},\{17\},\{18\},\{19\},\{20\}\}$;

$\mathrm{POS}_{\mathrm{IND}(C-\{a_1\})}(D)=\{3,4,5,6,7,10,11,12,13,14,15,16,17,18,19,20\}$,$\mathrm{POS}_{\mathrm{IND}(C)}(D)=U$,$\mathrm{POS}_{\mathrm{IND}(C-\{a_1\})}(D)\neq\mathrm{POS}_{\mathrm{IND}(C)}(D)$,得出 a_7 在 C 中是 d_1 必要的。

由 MATLAB 软件程序,依次可以得到:

$\mathrm{IND}(C-\{a_1\})=\{\{8,9\},\{1\},\{2\},\{3\},\{4\},\{5\},\{6\},\{7\},\{10\},\{11\},\{12\},\{13\},\{14\},\{15\},\{16\},\{17\},\{18\},\{19\},\{20\}\}$;

$\mathrm{IND}(C-\{a_2\})=\{\{2,5\},\{8,9\},\{1\},\{3\},\{4\},\{6\},\{7\},\{10\},\{11\},\{12\},\{13\},\{14\},\{15\},\{16\},\{17\},\{18\},\{19\},\{20\}\}$;

$\mathrm{IND}(C-\{a_3\})=\{\{8,9\},\{1\},\{2\},\{3\},\{4\},\{5\},\{6\},\{7\},\{10\},\{11\},\{12\},\{13\},\{14\},\{15\},\{16\},\{17\},\{18\},\{19\},\{20\}\}$;

$\mathrm{IND}(C-\{a_4\})=\{\{1\},\{2\},\{3\},\{4\},\{5\},\{6\},\{7\},\{8\},\{9\},\{10\},\{11\},\{12\},\{13\},\{14\},\{15\},\{16\},\{17\},\{18\},\{19\},\{20\}\}$;

$\mathrm{IND}(C-\{a_5\})=\{\{1\},\{2\},\{3\},\{4\},\{5\},\{6\},\{7\},\{8\},\{9\},\{10\},\{11\},\{12\},\{13\},\{14\},\{15\},\{16\},\{17\},\{18\},\{19\},\{20\}\}$;

$\mathrm{IND}(C-\{a_6\})=\{\{1,2\},\{8,9\},\{3\},\{4\},\{5\},\{6\},\{7\},\{10\},\{11\},\{12\},\{13\},\{14\},\{15\},\{16\},\{17\},\{18\},\{19\},\{20\}\}$。

依次可以得到 a_1、a_2、a_3、a_6、a_7 在 C 中是 d_1 必要的,a_4、a_5 在 C 中是 d_1 不必要的。得出 $\mathrm{Bs}(d_1)=[a_1,a_2,a_3,a_6,a_7]$,即对设计师来说,对于"现代的"目标情感意象影响较大的是上夹板、油缸罩壳、工作立板、标示位置和主色相共五个造型要素,基于设计师的调研数据,左右防护和后部增板对于"现代的"目标情感意象影响较小。

同理,基于终端用户的调研数据,a_3、a_4、a_5 对于"现代的"目标情感意象影响较小。得出 $\mathrm{Bz}(d_1)=\{a_1,a_2,a_6,a_7\}$,即对终端用户来说,对于"现代的"目标情感意象影响较大的是上夹板、油缸罩壳、标示位置和主色相共四个造型要素。

求 $\mathrm{Bs}(d_1)$ 和 $\mathrm{Bz}(d_1)$ 的并集,得出"现代的"的约简 D 核 $B=\{a_1,a_2,a_3,a_6,a_7\}$。

最终得出：影响"现代的"目标情感意象的个性要素为上夹板、油缸罩壳、工作立板、标示位置和主色相(图 4-8 中灰色区域)；左右防护和后部增板(图 4-8 中深灰色区域)对目标情感意象影响不大，为平台要素。

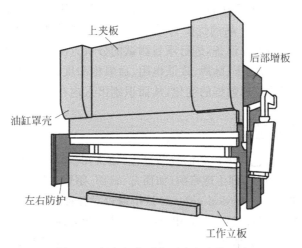

图 4-8 折弯机的平台要素与个性要素

3. 重要度排序

在识别出个性要素的基础上，运用决策表的属性重要度，将个性要素针对某目标情感意象的影响程度进行排序，得出最影响目标情感意象的造型要素。

以设计师的决策属性 d_1(现代的)为例，$B = CORE(d_1) = \{a_1, a_2, a_3, a_6, a_7\}$，得：

$$sig(a_1, B, d_1) = \frac{|POS_B(d_1)| - |POS_{B-\{a_1\}}(d_1)|}{|U|} = 0.5$$

同理可得，$sig(a_2) = 0.5$；$sig(a_3) = 0.2$；$sig(a_6) = 0.5$；$sig(a_7) = 0.2$。因此，折弯机各部分的造型对于目标情感意象"现代的"(决策属性 d_1)的重要性排序为 $a_1 = a_2 = a_6 > a_3 = a_7$。基于设计师的调研数据对于"现代的"目标情感意象比较注重上夹板、油缸罩壳和标示位置这三种造型要素的设计。

同理，可得出终端用户对于"现代的"目标情感意象的重要性排序为 $a_1 = a_2 = a_7 > a_3 = a_6$。基于终端用户的调研数据对于"现代的"目标情感意象比较注重上夹板、油缸罩壳和主相色这三种造型要素的设计。两者求并集，得出对"现代的"的目标情感意象影响较大的造型要素为 $CI(d_1) = \{a_1, a_2, a_6, a_7\}$。因此，为了满足目标情感意象"现代的"要求，需注重上夹板、油缸罩壳、标示位置和主相色这四种造型要素的设计。在设计的过程中，则着重对这四个要素进行设计，其他作为平台要素稍作修改即可，提高设计效率，有的放矢。

4.5 生理数据的应用(不局限于眼动)

产品意象造型是将消费者对产品形态的认知外显化，掌握消费者对产品意象造型评价的规律，使消费者的认知需求得到满足而获得的产品形态。在对消费者认知评价的过程中，以常用心理体验数据作为标准,但由于环境、情绪等各种外界因素的影响,这些数据和消费者实际的认知往往存在一定的误差,从而无法准确获得各项有效研究数据,不利于设计师创造性思维的发挥。

用户的情感反应,不仅表现在心理方面,更重要的是表现在生理方面,用户的主观心理量和客观生理量都应该作为产品的优度评选标准。生理测试法是被测对象使用相应的仪器,如眼动、皮电、脑电、心电等设备,进行项目测试的分析方法。通过特殊设备的检测,分析眼动信号、脑电图、心电图、血压、脉搏、皮肤电阻、血氧饱和度、心率、呼吸等人的自主神经系统和内分泌系统所支配的生理数据的变化,从而识别出人内在的情感和情绪。

4.5.1　情绪测量法

普遍认为,情绪是一种包含多成分的复杂过程,如认知、动机、行为、感觉等。根据以上定义,情绪可以分为3种类型[27],即生理唤醒(如面部、脑部、躯体)、外部行为、主观体验(如个人理解、使用感受)。生理唤醒(physical arousal)是指通过对脑神经、中枢神经、自主神经等系统施以适当的刺激,使之产生与情绪有关的相应反应;外部行为(external behavior)是指情绪产生时面部表情、身体姿势、说话语调等各部分产生的一系列动作;主观体验(subjective experience)是指不同主体对各种情绪的内在感受,它是与外在表现相互对应而言的。

对于人机工程学来说,从认知视角出发,情绪是可以通过维度或离散情绪模型进行描述的,是可以通过生理方法进行测量的。维度情绪模型中主要的维度有效价(valence)、唤醒(arousal)、趋近-规避(approach-avoidance)等,其表征一类情绪的固有特征,单个维度上的情绪变化具有两极性[1]。效价维度表示情绪的正负向水平,包括正向情绪(如高兴、愉快)和负向情绪(如忧伤、悲观);唤醒唯度包括两个极端:高唤醒水平(如惊恐、激动)和低唤醒水平(如平静、低落);趋近动机表示趋向刺激的倾向,规避动机则表示规避刺激的倾向[28]。离散情绪模型提出每一种情绪都与特定的个人体验、生理反应和行为趋势对应,是可以相对独立存在的[29]。

情绪可以通过自主神经系统、脑部活动、行为等生理学测量方法进行量化,如不同情绪的测量方法对应不同的反馈系统及适用的情绪维度,如表 4-7 所示。最终通过综合评价结果,将情绪客观地表达出来,以探究主体对产品主观意象的认知程度。

表 4-7　情绪测量对应的方法与维度

测量方法	测量内容	情绪维度	情绪描述
脑部活动	脑电图(electroencephalogram,EEG) 事件相关电位(event-related potentials,ERP)	效价、唤醒、趋向动机	常用于区域激活状态的对比
皮电活动	皮肤导电性(skin conductance level,SCL)	唤醒	负面情绪
心血管活动	心率变异性(heart rate variability,HRV)	效价	悲伤与高心率变异率相关
呼吸	呼吸幅度(respiration amplitude)	唤醒	可以用来区分愤怒和恐惧
面部活动	面部肌电(electromyogram,EMG)	效价、情绪反应的强度	皱眉动作对应负向情绪反应
行为测量	肢体运动	兴趣水平、唤醒水平	姿势、手部压力

4.5.2 眼动测量法

眼睛是人与产品进行交流的第一媒介,是用户表达产品意象的第一反应。随着用户情感的变化,则客观地产生了眼动数据,它是根据眼动信号而生成的,故可以用最为直观的方式挖掘出用户的情感需求。同时,在眼动实验的过程中,眼动仪器可以让人感觉舒服,没有任何心理附加压力。这样就能够保证研究结果的准确性,有效排除实验仪器对用户的干扰,具有较高的实用价值。

眼动技术[30]是以实验的形式体现的,其过程是测试者通过眼动仪器记录被试者在试验过程中的眼球活动情况,通过分析数据来剖析被试者的情感及思维过程。相比于传统的试验方式,眼动仪可以得到更准确的实验数据,获取更全面的用户情感反应。眼动仪主要包括光学、记录分析、坐标提取、坐标叠加等4个部分[31]。眼动仪的各个系统是协同工作的,其目标是通过对红外线瞳孔摄像机记录的眼频信息进行分析与识别,以此确定角膜的反射点和瞳孔的中心距离之间的变化情况。

对于产品设计过程来说,眼动测量的基本原理是[32]:在实验过程中,设计师通过操控眼动仪使用户眼睛接收到微量对人体没有伤害的光束的照射,通过收集从用户眼球表面反射的光束来记录眼球的运动情况,随后运用相应的软件对结果进行分析,进而产生眼部数据,经过导出并分析后可得到用户的内在情感和认知活动的变化情况。

4.5.3 生理信号测量法

生理信号[33]是跟随着人的情绪变化而发出的一种电信号,是由人体感官系统产生的,可以真实反映其内在的状态。在产品设计领域,可以通过分析生理信号的相关数据,来有效地分析用户的情感体验及对产品的意象认知,从而得到客观的设计资料,辅助后续的设计工作。

各项生理指标能够提供一系列关于人所处的特定唤醒水平的信息,这些信息反映出主体的内部情感和思维活动[34]。主要的生理指标有心电图(electrocardiogram,ECG)、皮肤电活动(electrodermal activity,EDA)、脑电图(EEG)等。

心电活动是指每次心跳周期所产生的电动变化,通过贴在身体部位的成对电极进行测量,是常用的生理指标。其中,心率(heart rate,HR)和心率变异性(heart rate variability,HRV)是在用户研究中比较常用的两个指标。心率可以反映情绪波动和认知活动,对人的认知需求、时间限制、不确定性与注意水平都比较敏感,心率变异性是反映心理负荷及情绪状态的有效指标。

皮肤电活动[35]是指皮肤的表面汗腺由于受到刺激而被激活,从而导致其电传导能力的变化,也是心理学实验中常用的生理测量方法。它可以反映用户的情绪唤醒度,也与用户产品交互界面的友好程度有关,同时,其电导水平的高低还是主体认知努力程度的重要指标。

脑电活动常用于对神经官能变化的测量中,通过记录大脑表皮的有效电极与参考电极间的电压变化进行分析。它可以反映主体心理活动及唤醒程度的变化情况,在持续采集信息方面具有明显的优势。在用户体验中应用较多的是脑电信号频谱分析,研究内容包括用户的情绪体验、认知负荷、个体经验、思维活动等多个方面。

4.6　产品形态基因识别

产品形态是由不同类型的设计要素组合而成的,其要素之间协同关联、有序组合。将产品形态进行分解,最终得到不可分割的产品形态特征单元,被称为产品形态基因。这一概念源自生物学中基因的概念,是对典型产品研究的抽象概念,与生物学中的基因相似,产品形态基因具有可遗传、变异的特点,决定着新产品形态的变化。产品基因的出现对企业传递企业文化及特点具有重要作用。企业可根据本企业的企业文化与产品独有的特征,通过有效的变异形成更具竞争力的产品形态。

在企业的长期发展历程中,其产品的设计与研发不仅需考虑成本和效益,还需利用"产品族"设计方法,体现产品视觉形态的统一性,增强企业品牌的识别性。产品族设计一般在造型上衍生运用某些辨识度较高的形态元素,令其形象在视觉表现上形成"家族化",这种父代元素的留存与衍生和物种的遗传效应类似。

生物的遗传主要依靠DNA的复制完成,DNA存在于染色体上,其主要成分是脱氧核糖核苷酸。生物的遗传效应是脱氧核糖核苷酸通过复制、交叉、变异以及合成新的基因来完成的。产品族形态DNA的构建可模拟生物的遗传效应,依次从产品族到产品、产品形态轮廓、关键形态特征,再到形态特征细节信息,分别模仿了生物遗传过程的种群、具体的生物、染色体、DNA、脱氧核糖核苷酸5个阶段。

产品基因的识别过程与形态分析法类似,是根据其构成元素进行层层分解。产品形态基因分为具体产品、形态轮廓、关键形态特征、形态特征细节信息四个层级,如图4-9所示。

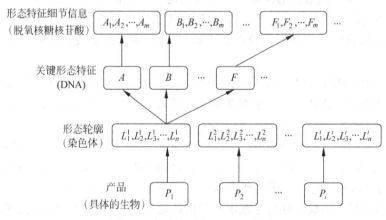

图4-9　产品族形态DNA的构成

产品由形态轮廓进行表达,每个形态轮廓由形态特征点连线构成,设L_i表示形态轮廓上的某一点,其中,$i=1,2,\cdots,n$,则$(L_1,L_2,\cdots,L_n)$表示整个形态轮廓。对产品族P中每个产品进行形态轮廓描述。每个形态轮廓的变化都由不同个数的关键形态特征控制,设关键形态特征由$(A,B,\cdots,F)$表示。特征细节信息的改变,引起关键形态特征的变化,根据基因结构,若关键形态特征为A,则对应的形态特征细节信息可表达为$(A_1,A_2,\cdots,A_n)$。

第5章

产品感性意象与设计要素的关联模型

5.1 类目层次法

在产品设计中,运用类目层次法能够准确地获取设计要素。类目层次法属于一种运用定量方式通过内隐需求推理出外显的设计需求的研究方法,该方法从用户对产品的感性需求(即0级感性概念)出发,以定性推论的方式进行依次分解,从而得到设计细节的过程。使用这种方式系统地挖掘了用户对产品的感性需求并将其转变为更为具体的产品设计要素。

类目层次法的基本流程为:把设计目标作为0级母概念,对母概念分解确立第1级概念系统,通常由2~4个描述性感性意象词汇或语句构成;之后再对每一个词汇或语句进行分解,确立第2级概念系统;依此法,可以确定第3级概念系统、第4级概念系统、……,直至出现能够用于指导产品设计的详细说明或设计要素[36]。例如,对传统器物形态的创新设计研究中将"品樽酒器"确定为0级概念,通过网络、期刊、书籍、专家访谈等多种方式收集整理出1级概念系统为:高雅感、美观感、现代感和舒适感,以凸显设计目标的高雅感、品质感,以及传统器物文化的特征。根据专家访谈和小组讨论确定2级和3级概念系统,如将高雅感进一步分解为文化感、意境感和高档感,将文化感又分解为凸显酒樽造型特征和酒樽文化内涵体现等。可以看出概念的深入呈阶梯式的增长,在推论至3级概念系统时与醒酒器相关的诉求陆续出现,如图5-1所示。

设计师采用类目层次法建立树状图的相关图帮助其更加快速准确地获取产品设计要素,以此求得产品设计中的细节。通过对目标意象的内在含义的拆解,设计师可以获得更加清晰且具有意义的子级概念,最终得到对产品要素的详细说明。该方法最大的优点为操作方便,不受环境、技术等因素的影响,但其缺点也显而易见,如主观性强等。

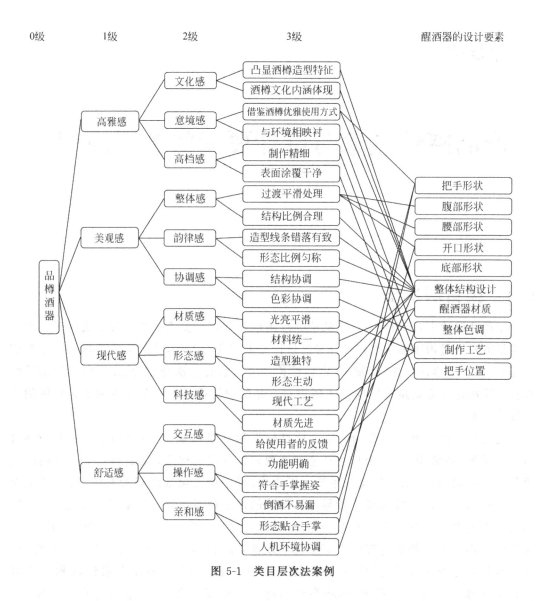

图 5-1　类目层次法案例

5.2　数量化Ⅰ类(多元回归)

数量化Ⅰ类理论是研究一组定性变量(自变量)与一组定量变量(因变量)之间的关系,利用多元回归分析,建立它们之间的数学模型,从而实现对因变量的预测。该方法是通过对观测数据进行处理以达到揭示数据蕴含的规律和各变量之间关系的目的,进而据此研究随机变量之间的对应关系。

根据实际背景的不同,变量可分为两种:一种为人们常说的定量变量,如人口、某物体的长度、质量等;另一种则是在数量上不存在变化,只在性质属性上具有一定不同的变量,被称为定性变量。即在产品设计中,各造型设计要素被称为定性变量,由它们构成的数据则称为定性数据。

建立产品感性意象与设计要素之间关联的过程主要有设计调查、产品造型设计要素的分解、数学模型的建立和结果分析等。其中,设计调查中得到的感性意象评价值是定量变量,为因变量。而产品造型设计要素的分解结果是定性变量,为自变量。利用数量化Ⅰ类理论分析使用者感性需求意象与设计要素之间的对应关系,并将其用于产品造型优化设计过程中,得到各感性意象与造型设计要素的偏相关系数、各造型设计要素分类的标准系数和决定系数,从而达到改善产品设计质量、提高市场竞争力的目的。其中,偏相关系数表示了该造型设计要素对各感性意象的贡献,造型设计要素分类的标准系数进一步表示了该类造型设计要素中各元素对感性意象的影响,决定系数表示了该模型的精度。

在利用数量化Ⅰ类理论建立产品感性意象与设计要素之间对应关系的过程中,通常把产品设计要素当作自变量 x,感性意象评价值当作因变量 y,则 x 为定性变量,y 为定量变量。在产品造型设计中,假设某一产品所含造型要素个数为 r,其中第 j 个要素类目数为 c_j,将第 i 个样品中第 j 个造型设计要素的第 k 个类目(即造型要素类目在样本中的反应)表示为 $\delta_i(j,k)$,则有:

$$\delta_i(j,k)=\begin{cases}1, & 第 i 个样本中第 j 个造型设计要素的定性数据为第 k 类 \\ 0, & 其他\end{cases} \tag{5-1}$$

设 $\boldsymbol{X}$ 为反应矩阵,则:

$$\boldsymbol{X}=[\delta_i(j,k)] \tag{5-2}$$

其中,$i=1,2,\cdots,n$;$j=1,2,\cdots,m$;$k=1,2,\cdots,r_j$。

假定感性意象评价值与造型设计要素项目及其类目之间符合下列线性关系模型:

$$y_i=\sum_{j=1}^{m}\sum_{k=1}^{r_j}\delta_i(j,k)b_{j,k}+\varepsilon_i \tag{5-3}$$

其中,$b_{j,k}$ 为常数,其大小由第 j 个造型要素中第 k 个类目常数决定;ε_i 表示调查第 i 个样本意象值时产生的误差。

假设由最小二乘原理得出 $b_{j,k}$ 的估计值为 $\overline{b_{j,k}}$,则应使

$$q=\sum_{i=1}^{n}\varepsilon_i^2=\sum_{i=1}^{n}\left[y_i-\sum_{j=1}^{m}\sum_{k=1}^{r_j}\delta_i(j,k)b_{j,k}\right]^2=\sum_{i=1}^{n}(y_i-\overline{y})^2 \tag{5-4}$$

取极小值。求解 q 关于 $b_{j,k}$ 的偏导数,且令其等于零,则经整理可得:

$$\sum_{j=1}^{m}\sum_{k=1}^{r_j}\left[\sum_{i=1}^{n}\delta_i(j,k)\delta_i(u,v)\right]\overline{b_{j,k}}=\sum_{i=1}^{n}\delta_i(u,v)y_i, \tag{5-5}$$

$$u=1,2,\cdots,m;v=1,2,\cdots,r_u$$

该方程组为正规方程组,对其求解可得 $b_{j,k}$ 的最小二乘估计值 $\overline{b_{j,k}}$。从而有:

$$\overline{y_i}=\sum_{j=1}^{m}\sum_{k=1}^{r_j}\delta_i(j,k)\overline{b_{j,k}} \tag{5-6}$$

为了更准确地构建产品感性意象与设计要素之间的对应关系,可进一步将模型描述为

$$\overline{y_i}=\overline{y}+\sum_{j=1}^{m}\sum_{k=1}^{r_j}\delta_i(j,k)b_{j,k}^* \tag{5-7}$$

其中,$\overline{y}$ 表示感性意象评价值 $\overline{y_i}$ 的平均值,因此有

$$\overline{y}=\frac{\sum_{i=1}^{n}y_i}{n} \tag{5-8}$$

$b_{j,k}^{*}$ 叫作标准系数，它与 $\overline{b_{j,k}}$ 之间存在关系：

$$b_{j,k}^{*} = \overline{b_{j,k}} - \frac{1}{n}\sum_{k=1}^{r_j} n_{j,l}\overline{b_{j,l}} \tag{5-9}$$

$n_{j,l}$ 表示 n 个产品样本中第 j 个设计要素项目的第 l 个类目所出现的次数，且有：

$$\sum_{l=1}^{r_j} n_{j,l} = n, \quad j = 1, 2, \cdots, m \tag{5-10}$$

为了评价预测模型的精度，引入复相关系数 R，其表达式为

$$R = \left[\frac{\sum_{i=1}^{n}(\overline{y_i}-\bar{y})^2}{\sum_{i=1}^{n}(y_i-\bar{y})^2}\right]^{\frac{1}{2}} \tag{5-11}$$

其中，预测模型的精度用决定系数 R^2 来表示。

为了求解各个造型设计要素对目标感性意象的贡献值，引入偏相关系数。假设感性意象评价值 y 与设计要素的相关矩阵为 A：

$$A = \begin{bmatrix} 1 & a_{y1} & a_{y2} & \cdots & a_{yr} \\ a_{1y} & 1 & a_{12} & \cdots & a_{1r} \\ a_{2y} & a_{21} & 1 & \cdots & a_{2r} \\ \vdots & \vdots & \vdots & \ddots & \vdots \\ a_{ry} & a_{r1} & a_{r2} & \cdots & 1 \end{bmatrix} \tag{5-12}$$

其逆矩阵 A^{-1} 为

$$A^{-1} = \begin{bmatrix} a_{yy} & a_{y1} & a_{y2} & \cdots & a_{yr} \\ a_{1y} & a_{11} & a_{12} & \cdots & a_{1r} \\ a_{2y} & a_{21} & a_{22} & \cdots & a_{2r} \\ \vdots & \vdots & \vdots & \ddots & \vdots \\ a_{ry} & a_{r1} & a_{r2} & \cdots & a_{rr} \end{bmatrix} \tag{5-13}$$

则评价值 y 与第 j 个造型要素之间的偏相关系数可以表示为

$$\rho_{yj} = \frac{-a_{jy}}{\sqrt{a_{jj}a_{yy}}} \tag{5-14}$$

其中，第 j 个造型设计要素对感性意象评价值 y 的贡献值为 ρ_{yj}。

例如，基于形态分析法，将机床样本进行形态解构。机床的外部形态是各部分设计要素的集合，依据机床造型的功能特征、审美特征、产品本身独特特征等方面将样本解析为开门方式、观察窗造型、操作面板位置、正面造型、侧面造型等 5 个造型设计要素。在实际的机床造型设计中，这五个要素是不可缺少的。根据设计要素归纳，通过专家小组讨论法对机床样本进行造型设计要素分析并定性描述提取，得到如表 2-5 所示的机床造型设计要素项目与类目表。

根据数量化Ⅰ类理论及运算规则，将类目转化为可进行运算的类目反应表。在转化过程中，定义若该要素的类目存在，则为"1"，反之则为"0"。开门方式、观察窗造型、操作面板位置、正面造型、侧面造型等 5 个要素全部按照此规则转化，形成仅包含"1""0"两个数字组成的数列。根据设计要素项目与类目表，每个机床样本的类目将由 14 位的数字构成，其类

目反应表如表 2-6 所示。

　　运用数量化 I 类计算得到每个造型设计要素对目标意象的贡献值,在输出的结果中包含偏相关系数、标准系数、复相关系数等,结果如表 5-1 所示。

表 5-1　目标意象与造型设计要素间关联度分析

设计要素项目	类　目	标准系数	偏相关系数
开门方式(g_1)	对开门	0.026	0.4543
	单开门	−0.012	
	侧开门	−0.007	
观察窗造型(g_2)	方形	0.014	0.5466
	弧形	−0.088	
操作面板位置(g_3)	独立式	−0.022	0.2482
	悬挂式	0.010	
	嵌入式	0.003	
正面造型(g_4)	直面	−0.003	0.6702
	弧面	0.021	
	外凸	−0.052	
	内凹	0.028	
侧面造型(g_5)	直面	−0.016	0.8123
	弧面	0.218	
复相关系数		0.989 96	

　　标准系数表示相应类目对目标意象的贡献度,正值表示相应类目对目标意象具有正的贡献度,负值则表示相应类目对目标意象具有负的贡献度,即表示远离该意象的造型。而偏相关系数则表示该设计要素对目标意象的贡献程度。从结果中可以看出,侧面造型对研究样本的目标意象贡献值最大,在各类目中,分别以对开门、方形观察窗、悬挂式操作面板、内凹的正面造型和弧面的侧面造型的贡献值最大,设计过程往往重点关注贡献值较大的设计要素,设计者通常也将贡献值较大的类目进行组合设计得到新产品。

5.3　人工神经网络

　　产品造型设计由于牵涉人类的主观感受,需要寻找一定的理论和方法来评断设计的正确性、好坏程度和是否符合人们所需要的感觉。因此,将消费者定性的感性认知数量化,建立产品感性意象与设计要素的关联,以明确的方式探讨感觉与造型间的关系,进而帮助设计师以最有效率的方法创造符合消费者感觉的产品造型。人工神经网络作为一种建立产品感性意象与产品设计要素之间关联的主要方法,已广泛应用于产品形态要素的意象评价。人工神经网络是对人脑或自然神经网络若干基本特性的抽象和模拟,是由具有适应性的简单单元组成的广泛并行网络。人工神经网络是一个非线性动力学系统,具有非线性、非局限性、非常定性和非凸性等特征[37]。利用人工神经网络建立产品意象评价系统的常用技术方法有 BP 神经网络、模糊神经网络和四层神经网络等。

5.3.1 BP 神经网络

1. 基本概念

多层前馈网络误差反向传播算法(back propagation,BP)是一种包含多个输入输出层的前馈型神经网络,主要是运用误差的反向传播算法来进行训练。该算法能够学习和存储大量的输入-输出映射模型关系,而无需事前揭示描述这种关系的数学方程。

BP 神经网络一般由一个输入层、一个输出层和几个隐藏层构成,较适合于解决非线性预测问题。在构建产品意象造型评价系统过程中,BP 神经网络主要由"研究样本造型参数-样本意象评价目标值"的正向传播和"样本意象评价目标值-研究样本造型参数"的反向传播两个过程组成。其中输入层负责接收产品造型参数,并传递给中间层;中间层负责信息转换;输出层负责输出产品造型意象预测评价值。从输入层、中间层到输出层完成一次评价系统训练的正向传播。当实际输出与预期造型评价参数不符时,进入误差的反向传播阶段。

应用 BP 神经网络可以构造消费者对产品的感知意象与产品的形态设计参数之间复杂的关系,将产品形态设计参数作为其输入,将节点数作为控制参数的数目,将消费者的感知意象作为输出,其模型描述为

$$Y = f(\boldsymbol{W}^{\mathrm{T}}\boldsymbol{X}) = f\left(\sum_{i=1}^{n} w_i x_i - b\right) \tag{5-15}$$

其中,Y 为感性意象;f 为激发函数;$\boldsymbol{W}^{\mathrm{T}}$ 为神经元的连接权值;$\boldsymbol{X}$ 为造型设计参数;x_i 为前一层神经网络的输出;w_i 为连接前一层每个神经元的权值;b 为神经元的阈值。

BP 神经网络的拓扑结构如图 5-2 所示,其中输入数据为产品造型参数,输出数据为产品意象评价值。

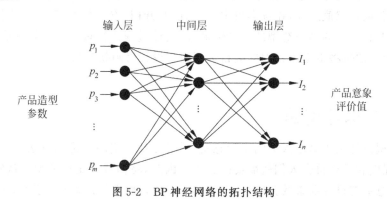

图 5-2　BP 神经网络的拓扑结构

2. 实例分析

本书选择产品形态相对简单且对意象造型要求较高的高脚杯为对象对该方法进行介绍。

1) 产品的感性意象挖掘

通过网络等多种手段收集高脚杯的产品图片和感性意象词汇对,共获取 48 份产品图片

及 27 个感性形容词用以描述产品意象。应用 KJ 法对所获取的产品图片及感性形容词进行分析归类,最终筛选出 4 组适合描述高脚杯的感性意象词汇对和具有代表性的 12 份产品图片。4 组感性意象词汇相对为:个性的-普通的($I_1{}^M$)、柔美的-阳刚的($I_2{}^M$)、活泼的-沉稳的($I_3{}^M$)、典雅的-庸俗的($I_4{}^M$);应用三维软件重新对 1 个代表性产品形态进行建模渲染,如图 5-3 所示。

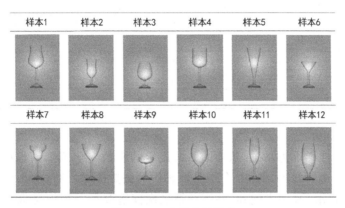

图 5-3　12 个代表性样本

2) 产品形态分析与意象造型设计要素辨识

本书采用专家访谈法对高脚杯形态进行定性分析。邀请 6 位工业设计师,通过讨论的方式确定高脚杯形态的设计要素,即杯口、杯身、杯腿、底座等。运用问卷调查的形式确定高脚杯底座大小和杯腿粗细为平台要素;杯口大小、杯身形态和杯腿长短为个性要素。依据该结论,假定高脚杯底座的大小和杯腿的粗细不变,则高脚杯的形态特征包括杯口大小、杯身形态和杯腿长短三部分。

经分析,描述高脚杯形态轮廓线至少需要设置 6 个控制点,可通过调整 6 个控制点的坐标来实现高脚杯形态的变化,如图 5-4 所示。

依据高脚杯形态分析结果,底座大小和杯腿粗细两个设计要素对用户的感性意象影响较小,假定杯腿和底座的直径不变,通过调整控制点 p_1、p_2、p_3、p_4 和 p_5 的坐标值对产品形态进行设计:

(1) 控制点 p_1 包含 x_1、y_1 2 个设计参数,x_1 控制杯口的大小,y_1 控制高脚杯的总体高度;

(2) 控制点 p_2 和 p_3 包含 4 个设计参数 x_2、y_2、x_3、y_3,控制杯身形状;

(3) 控制点 p_4 和 p_5 包含 2 个设计参数 y_4 和 y_5,分别控制杯身和杯腿的长度;

(4) 为设计出合理的高脚杯造型形态并精简设计参数,为参数 y_1、y_2、y_3、y_4 设定函数关系:

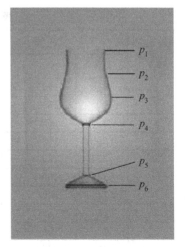

图 5-4　产品形态定量分析

$$y_2 = y_4 + (y_1 - y_4) \times 2/3 \tag{5-16}$$

$$y_3 = y_4 + (y_1 - y_4)/3 \tag{5-17}$$

即 y_2、y_3 随 y_1、y_4 变化而变化,将设计参数精简为 6 个,并为 6 个设计参数设定变化范围,如表 5-2 所示。

表 5-2 参数变化范围   mm

控 制 点	x_{min}	x_{max}	y_{min}	y_{max}
p_1	15	40	80	200
p_2	15	60		
p_3	15	60		
p_4	4	4	20	95
p_5	4	4	10	13

3) 产品意象调查

以 12 个代表性样本为基础,依照表 5-2 规定的参数变化范围调整控制点,运用三维软件重新设计 38 个新样本,共 50 个产品形态作为调查样本。结合 50 个产品样本与 4 组感性意象词汇对制作 SD 调查问卷,并进行第二次网络调查。共获取 50 份有效问卷,应用公式(5-18)将意象调查结果进行归一化处理,作为神经网络模型的训练和测试数据。

$$I_i^u = \frac{I_i^{avg} - I_i^{min}}{I_i^{max} - I_i^{min}} \tag{5-18}$$

其中,I_i^u 表示某产品样本的第 i 个感性意象的归一化值;I_i^{min} 表示某产品样本的第 i 个感性意象的最小值;I_i^{max} 表示某产品样本的第 i 个感性意象的最大值;I_i^{avg} 表示某产品样本的第 i 个感性意象的平均值。

50 个产品的设计参数及意象调查结果归一化值如表 5-3 所示。

表 5-3 产品设计参数及意象调查值

样本编号	设计参数/mm						意象调查值		
	x_1	y_1	x_2	x_3	y_4	y_5	I_1^u	I_2^u	I_3^u
1	34	190	45	53	88	11	0.40	0.50	0.49
2	40	165	36	28	60	12	0.41	0.39	0.49
3	35	165	36	28	60	12	0.41	0.39	0.49
4	29	112	32	32	35	12	0.70	0.50	0.70
5	25	125	35	34	41	13	0.56	0.49	0.50
6	34	190	34	45	88	10	0.28	0.41	0.34
7	34	109	32	40	88	12	0.43	0.28	0.74
8	35	155	45	32	40	13	0.39	0.46	0.58
9	33	164	36	41	65	13	0.65	0.59	0.64
10	35	165	44	42	60	10	0.61	0.50	0.66
11	28	112	33	40	35	11	0.49	0.64	0.66
12	25	112	30	36	35	10	0.54	0.55	0.76
13	35	140	32	25	58	12	0.50	0.55	0.56
14	28	140	32	23	58	11	0.43	0.49	0.53
15	28	140	32	24	58	10	0.59	0.49	0.45

续表

样本编号	设计参数/mm						意象调查值		
	x_1	y_1	x_2	x_3	y_4	y_5	I_1''	I_2''	I_3''
16	40	164	44	30	90	10	0.27	0.49	0.37
17	39	147	49	29	90	12	0.40	0.58	0.61
18	33	115	32	19	70	10	0.44	0.53	0.58
19	28	130	34	28	50	13	0.55	0.47	0.63
20	39	153	46	31	92	12	0.26	0.50	0.51
21	37	164	40	24	90	11	0.24	0.40	0.35
22	32	106	42	20	77	10	0.47	0.52	0.56
23	40	164	41	29	80	13	0.62	0.57	0.55
24	40	106	43	30	62	12	0.50	0.63	0.62
25	50	115	36	20	70	11	0.38	0.52	0.48
26	23	150	43	33	30	12	0.43	0.31	0.43
27	33	115	37	16	50	13	0.23	0.37	0.46
28	38	160	45	27	92	10	0.20	0.35	0.38
29	22	192	27	19	68	10	0.43	0.31	0.43
30	37	108	29	23	70	12	0.45	0.52	0.47
31	38	145	40	24	70	13	0.23	0.50	0.38
32	40	160	42	25	92	11	0.23	0.38	0.43
33	39	106	32	20	77	11	0.50	0.47	0.51
34	26	186	34	29	68	13	0.51	0.60	0.60
35	35	95	35	25	60	13	0.43	0.55	0.51
36	27	156	36	25	54	11	0.62	0.56	0.53
37	40	168	52	37	30	11	0.43	0.52	0.62
38	37	170	38	31	40	10	0.51	0.53	0.53
39	35	160	40	43	40	13	0.40	0.50	0.58
40	30	168	39	35	30	10	0.32	0.48	0.58
41	22	192	28	27	68	11	0.49	0.48	0.32
42	31	191	37	27	68	12	0.41	0.51	0.55
43	22	124	26	15	54	12	0.45	0.53	0.50
44	21	156	24	15	54	10	0.43	0.52	0.53
45	37	170	37	35	87	11	0.45	0.60	0.68
46	37	170	25	18	40	13	0.30	0.43	0.38
47	27	122	23	22	41	13	0.36	0.33	0.45
48	24	128	29	27	55	11	0.53	0.51	0.53
49	30	130	30	27	70	10	0.49	0.51	0.59
50	25	128	22	22	48	12	0.41	0.43	0.39

4）构建感性意象评价系统

（1）预输入层与输入层节点分析。构建 BP 神经网络时，根据高脚杯的分析：高脚杯共有 2 个部分和 8 个控制参数。预输入层对应高脚杯的设计参数，输出层对应高脚杯杯体和杯腿的控制，因此预输入层有 8 个神经节点，输入层有 2 个节点。

（2）输出层节点分析。输出层是网络的信息输出，输出层对应的是感性意象，高脚杯的感性意象有 4 对形容词，因此输出层有 4 个神经元节点，1 个节点对应 1 对感性意象。

（3）中间层节点分析。在神经网络中，中间层的作用是接收输入层的信息，并对其进行处理，然后把处理过的信息输出给输出层，起到一个连接过渡的作用。中间层可以有几层，也可以只有一层，中间层只有一层。

对于中间节点的数目，有不同的确定方法。取最常用的一种，即

$$中间层节点数 = \frac{输出层节点数 + 输入层节点数}{2} \tag{5-19}$$

因此，在 BP 神经网络中输入层有 2 个神经元节点，输出层有 4 个神经元节点，中间层的神经元节点数按上式计算为 3 个。因此，高脚杯评价的 BP 神经网络结构如图 5-5 所示。

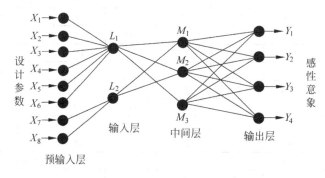

图 5-5　高脚杯感性评估的神经网络结构

（4）带预输入层 BP 神经网络的算法。该算法与 BP 神经网络算法基本相同，不同点在于预输入层到输入层的权值变化不同。在该 BP 神经网络研究中，$X_1 \sim X_6$ 的节点信息只输入到输入层的第一个节点，X_7 和 X_8 的节点信息只输入到输入层的第二个节点；在进行信息反传时，刚好相反，反传信息由输入层向预输入层传输时，输入层的第一个节点信息值反传到 $X_1 \sim X_6$ 节点，输入层的第二个节点信息反传到 X_7 和 X_8 节点。

以图 5-5 所示的网络结构进行带预输入层 BP 神经网络算法描述。预输入层节点为 $X(X_1 \setminus X_2 \setminus \cdots \setminus X_8)$，共有 8 个输入；输入层为 $L(L_1 \setminus L_2)$，2 个节点；中间层为 $M(M_1 \setminus M_2 \setminus M_3)$；输出层为 $Y(Y_1 \setminus Y_2 \setminus Y_3 \setminus Y_4)$，共有 4 个输出；输出层期望值为 $T(T_1 \setminus T_2 \setminus T_3 \setminus T_4)$。预输入层到输入层的权值为 $W_0(w_0(1,1) \setminus w_0(1,2) \setminus \cdots \setminus w_0(1,8) \setminus \cdots \setminus w_0(2,8))$，预输入层到输入层的偏置值为 $B_0(b_0(1,1) \setminus b_0(2,1))$；输入层到中间层的权值为 $W_1(w_1(1,1) \setminus w_1(1,2) \setminus \cdots \setminus w_1(2,2) \setminus \cdots \setminus w_1(3,2))$，输入层到中间层的偏置值为 $B_1(b_1(1,1) \setminus b_1(2,1) \setminus b_1(3,1))$；中间层到输出层的权值为 $W_2(w_2(1,1) \setminus w_2(1,2) \setminus \cdots \setminus w_2(1,3) \setminus \cdots \setminus w_2(4,3))$，中间层到输出层的偏置值为 $B_2(b_2(1,1) \setminus b_2(2,1) \setminus \cdots \setminus b_2(4,1))$；学习效率为 η，各层均以对数-S 型函数作为层与层之间的传递函数，即

$$f(x) = \frac{1}{1 + e^{-x}} \tag{5-20}$$

（1）初始化。将处于区间 $[0,1]$ 的随机值赋予 $W_0 \setminus B_0 \setminus W_1 \setminus B_1 \setminus W_2 \setminus B_2$，整理输入样本与输出样本。针对输入样本与输出样本进行归一化处理，以期加快网络收敛速度。

（2）前向计算。系统对输入数据进行 3 次数据处理，包括：参数预输入层到部件输入层

的数据处理；部件输入层到中间层的数据处理；中间层到意象输出层的数据处理。

预输入层到部件输入层 L 的数据计算：

当 $j=1$ 时，

$$L_1 = f\left(\sum_{i=1}^{6} W_0(j,i)X_i + B_0(j,1)\right) \tag{5-21}$$

当 $j=2$ 时，

$$L_2 = f\left(\sum_{i=7}^{8} W_0(j,i)X_i + B_0(j,1)\right) \tag{5-22}$$

输入层 L 到中间层 M 的计算：

$$M_j = f\left(\sum_{i=1}^{2} W_1(j,i)L_i + B_1(j,1)\right) \tag{5-23}$$

其中，$j=1,2,3$。

中间层 M 到输出层 Y 的计算：

$$Y_j = f\left[\sum_{i=1}^{3} W_2(j,i)M_i + B_2(j,1)\right] \tag{5-24}$$

其中，$j=1,2,3,4$。

（3）误差计算。性能指数反映神经网络的运行状况。采用期望输出与实际输出之间的均方误差（MSE）表示为

$$\text{MSE} = \frac{1}{4}\sum_{i=1}^{4}(T_i - Y_i)^2 \tag{5-25}$$

（4）反传计算。依据性能指数评判神经网络，当网络性能不符合要求时，必须应用反传计算调整个权值和偏置值。

意象输出层的误差计算：

$$\Delta Y_j = (T_j - Y_j)Y_j(1 - Y_j) \tag{5-26}$$

其中，$j=1,2,3,4$。

中间层的误差计算：

$$\Delta M_j = \sum_{k=1}^{4}\Delta Y_k W_2(k,j)M_j(1 - M_j) \tag{5-27}$$

其中，$j=1,2,3$。

输入层的误差计算：

$$\Delta L_j = \sum_{k=1}^{3}\Delta M_k W_1(k,j)L_j(1 - L_j) \tag{5-28}$$

其中，$j=1,2$。

中间层到输出层的权值与偏置值的调整量为

$$\Delta W_2(j,i) = \eta \Delta Y_j M_j \tag{5-29}$$

$$\Delta B_2(j,1) = +\eta \Delta Y_j \tag{5-30}$$

其中，$j=1,2,3,4$；$i=1,2,3$。

输入层到中间层的权值与偏置值的调整量为

$$\Delta W_1(j,i) = \eta \Delta M_j L_j \tag{5-31}$$

$$\Delta B_1(j,1) = +\eta \Delta M_j \tag{5-32}$$

其中,$i=1,2$;$j=1,2,3$。

预输入层到输入层的权值与偏置值的调整量为

$$\Delta W_0(1,i) = \eta \Delta L_j X_i \tag{5-33}$$

其中,$i=1,2,3,\cdots,6$;$j=1$。

$$\Delta W_0(2,i) = \eta \Delta L_j X_i \tag{5-34}$$

其中,$i=7,8$;$j=2$。

$$\Delta B_0(j,1) = +\eta \Delta L_j \tag{5-35}$$

其中,$j=1,2$。

依据调整量修正各权值与偏置值,中间层到输出层的权值与偏置值修正为

$$W_2(i,j) = W_2(i,j) + \Delta W_2(i,j) \tag{5-36}$$

其中,$i=1,2,3,4$;$j=1,2,3$。

$$B_2(j,1) = B_2(j,1) + \Delta B_2(j,1) \tag{5-37}$$

其中,$j=1,2,3,4$。

输入层到中间层的权值与偏置值修正为

$$W_1(i,j) = W_1(i,j) + \Delta W_1(i,j) \tag{5-38}$$

其中,$i=1,2,3$;$j=1,2$。

$$B_1(j,1) = B_1(j,1) + \Delta B_1(j,1) \tag{5-39}$$

其中,$j=1,2,3$。

预输入层到输入层的权值与偏置值修正为

$$W_0(1,j) = W_0(1,j) + \Delta W_0(1,j) \tag{5-40}$$

其中,$j=1,2,\cdots,6$。

$$W_0(2,j) = W_0(2,j) + \Delta W_0(2,j) \tag{5-41}$$

其中,$j=7,8$。

$$B_0(j,1) = B_0(j,1) + \Delta B_0(j,1) \tag{5-42}$$

其中,$j=1,2$。

在各层权值调整后,为下次分部件预输入做准备。

(5) 误差检查。当各层的权值进行调整后,需要重新检查网络的运行性能。输入样本,检查误差是否达到可接受的水平:若不满意,重复(1)至(4)步骤,直至网络收敛。

神经网络的训练,用 SD 调查结果作为训练样本,共有 50 个训练样本,感性意象是对应的 50 个期望输出。训练时,取前 46 个作为训练样本,剩余 4 个作为测试样本。

训练前,对输入样本及期望输出做归一化处理,以便网络快速收敛。经过 5190 次训练,误差达到 8.19×10^{-3}。

神经网络模型的验证。为验证 BP 神经网络的可靠性,需对已经收敛的 BP 神经网络进行必要的测试。若训练结果不能达到要求,需要重新进行训练,直至达到要求。取剩余 4 组样本作为测试样本,进行测试,测试的误差采用绝对值,经过多次训练和测试,其测试结果如表 5-4 所示。

表 5-4　意象对比表

感性词汇	测试误差	样本 47	样本 48	样本 49	样本 50
个性的-普通的	受测人评分	0.49	0.53	0.41	0.36
	神经网络评分	0.48	0.44	0.47	0.4
	误差绝对值	0.01	0.09	0.06	0.04
柔美的-阳刚的	受测人评分	0.51	0.51	0.43	0.33
	神经网络评分	0.52	0.52	0.51	0.49
	误差绝对值	0.01	0.01	0.08	0.16
活泼的-沉稳的	受测人评分	0.59	0.53	0.39	0.45
	神经网络评分	0.56	0.57	0.55	0.52
	误差绝对值	0.03	0.04	0.16	0.07
典雅的-庸俗的	受测人评分	0.68	0.53	0.31	0.38
	神经网络评分	0.59	0.58	0.52	0.52
	误差绝对值	0.09	0.05	0.21	0.14

此次测试共 16 项，其中 4 项误差大于 0.125，结果正确率大于 70%，预测精度良好，可以用于后续研究。

5.3.2　模糊神经网络

1. 基本概念

模糊神经网络的核心是模糊理论和人工神经网络，该方法通过构建模糊规则，实现模糊理论和条件属性之间的逻辑推理，并结合神经网络的学习能力，以解决专家评价过程中的不精确性，提高专家系统的工作效率[39]。

模糊系统借助人们对复杂问题的认知思维，运用模糊的思维处理相关问题。其不需确定系统的精确数学模型，可有效建立非线性系统。

神经网络以神经元为基础，以生物神经系统的神经细胞为生物模型。在探讨人工智能技术时，把神经元数学化，建立神经元数学模型。大量形式相似的神经元连接在一起组成神经网络，从而表达许多复杂的物理系统。如图 5-6 所示为模糊系统和神经网络的特性比较[39]。

非线性映射、并行处理、学习和容错是神经网络的特点，处理不确定性是模糊系统的特点，两者结合后可较好地应用于产品意象造型评价系统。模糊神经网络是模糊系统和神经网络的结合，可将基本的神经网络（如 BP 神经网络、径向基神经网络）赋予模糊输入信号和模糊权值。

根据在构建模糊神经网络时，模糊理论与人工神经网络的结合方法不同，模糊神经网络的类型也有所区别，主要分为以下几种。

(1) 非直连型：每部分只负责各自的工作，并可采用模糊理论和模糊逻辑表达处理数据；对于模糊理论无法处理的数据则采用神经网络进行处理。该网络模型只将两种方式用于处理不同的数据，并没有进行智能融合，无法同时发挥两种算法的优势，容易影响整体结构的准确性。

(2) 网络型：运用神经网络对模糊规则进行学习与控制，通过确定对应的隶属函数以及进行误差调整，使整体网络模型具备自学习和自适应能力。

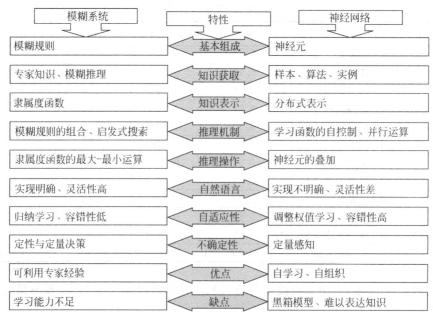

图 5-6   模糊系统和神经网络的特性比较

（3）**串联型**：将神经网络作为模糊神经网络的输入或输出，模糊系统作为网络模型输出或输入，较大程度上提高了系统的效率与准确率，该模糊神经网络类型同时发挥出两种算法的优势。

（4）**并联型**：将神经网络与模糊系统同时作为整体网络模型的输入与输出，从而并行处理输入数据和输出结果。该类别模型对数据的处理更加准确，更容易发挥模糊系统的推理优势，并保证神经网络的学习效率。

（5）**等价型**：将所有神经元作为模糊神经元，所有节点都具有模糊性，在参与学习和误差调整的过程中，更适用于复杂数据的智能推理。

由于人脑在理解和评价产品意象造型的过程中具有模糊性和学习性，模糊神经网络既可以有模糊系统处理意象认知过程中的模糊性，又可以有神经网络处理意象评价过程中的学习性，因此将模糊神经网络引入意象造型评价系统中，根据产品研究样本造型参数和样本意象评价值调节模糊神经网络的相关参数，可有效模拟地人脑评价产品意象造型的过程。在产品感性意象与设计要素的关联中，神经网络将以输出模糊函数隶属度的形式输出模糊化的感性评价值[40]。一般采用三角模糊数表示相应的感性意象评价值，在建立好网络进行预测时，包含一个反模糊化过程，即可得到新设计的感性意象预测值。

2. 实例分析

以汽车为例对该方法进行介绍。

1）**输入层的建立**

模糊神经网络的输入数据根据不同的研究对象而定，汽车意象造型设计中输入数据为汽车研究样本的造型参数。将已确定汽车研究样本的 58 个关键控制点（如图 5-7 与图 5-8 所示）的坐标值，如表 5-5 所示，作为模糊神经网络的输入数据。

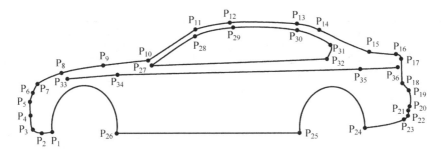

图 5-7　汽车前视图造型线的关键控制点

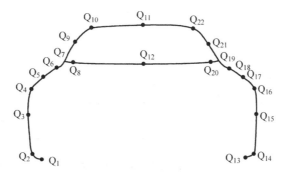

图 5-8　汽车左视图造型线的关键控制点

表 5-5　汽车样本 1 关键控制点坐标值

汽车样本 1 前视图					汽车样本 1 左视图				
P_1	x_1	12.1	y_1	0.5	Q_1	x_1	−40.1	y_1	0.5
P_2	x_2	6.8	y_2	0.4	Q_2	x_2	−44.0	y_2	6.8
P_3	x_3	1.8	y_3	2.1	Q_3	x_3	−44.8	y_3	19.0
P_4	x_4	1.5	y_4	6.7	Q_4	x_4	−39.2	y_4	30.8
P_5	x_5	0.5	y_5	11.3	Q_5	x_5	−33.5	y_5	34.9
P_6	x_6	0.4	y_6	17.5	Q_6	x_6	−30.5	y_6	36.6
P_7	x_7	1.6	y_7	19.1	Q_7	x_7	−28.8	y_7	37.8
P_8	x_8	4.5	y_8	27.2	Q_8	x_8	−28.1	y_8	40.9
P_9	x_9	36.6	y_9	36.9	Q_9	x_9	−26.3	y_9	44.5
P_{10}	x_{10}	67.5	y_{10}	40.1	Q_{10}	x_{10}	−20.4	y_{10}	49.9
P_{11}	x_{11}	94.8	y_{11}	57.3	Q_{11}	x_{11}	0.0	y_{11}	51.1
P_{12}	x_{12}	123.1	y_{12}	61.3	Q_{12}	x_{12}	0.0	y_{12}	36.4
P_{13}	x_{13}	153.0	y_{13}	60.1	Q_{13}	x_{13}	40.1	y_{13}	0.5
P_{14}	x_{14}	162.5	y_{14}	57.8	Q_{14}	x_{14}	44.0	y_{14}	6.8
P_{15}	x_{15}	191.9	y_{15}	44.7	Q_{15}	x_{15}	44.8	y_{15}	19.0
P_{16}	x_{16}	207.2	y_{16}	43.3	Q_{16}	x_{16}	39.2	y_{16}	30.8
P_{17}	x_{17}	211.3	y_{17}	42.7	Q_{17}	x_{17}	33.5	y_{17}	34.9
P_{18}	x_{18}	212.7	y_{18}	27.2	Q_{18}	x_{18}	30.5	y_{18}	36.6
P_{19}	x_{19}	216.8	y_{19}	22.9	Q_{19}	x_{19}	28.8	y_{19}	37.8
P_{20}	x_{20}	216.8	y_{20}	14.0	Q_{20}	x_{20}	28.1	y_{20}	40.9
P_{21}	x_{21}	215.6	y_{21}	12.3	Q_{21}	x_{21}	26.3	y_{21}	44.5

续表

汽车样本 1 前视图					汽车样本 1 左视图				
P_{22}	x_{22}	216.0	y_{22}	9.2	Q_{22}	x_{22}	20.4	y_{22}	49.9
P_{23}	x_{23}	213.9	y_{23}	7.0					
P_{24}	x_{24}	191.7	y_{24}	3.1					
P_{25}	x_{25}	154.1	y_{25}	0.9					
P_{26}	x_{26}	49.9	y_{26}	0.5					
P_{27}	x_{27}	69.8	y_{27}	37.1					
P_{28}	x_{28}	96.2	y_{28}	54.3					
P_{29}	x_{29}	122.1	y_{29}	58.3					
P_{30}	x_{30}	150.4	y_{30}	56.9					
P_{31}	x_{31}	169.2	y_{31}	50.1					
P_{32}	x_{32}	169.5	y_{32}	50.1					
P_{33}	x_{33}	45.2	y_{33}	27.5					
P_{34}	x_{34}	85.2	y_{34}	30.5					
P_{35}	x_{35}	145.2	y_{35}	33.1					
P_{36}	x_{36}	205.8	y_{36}	34.1					

针对不同的目标意象,需建立不同的意象造型评价系统。本实例确定豪华、力量、稳重、亲和、可爱和动感 6 个意象为汽车多意象造型进化设计的目标意象,因此需建立豪华、力量、稳重、亲和、可爱和动感 6 个意象造型评价系统。

2) 基本神经元层的建立

(1) 模糊化层的建立。模糊化层是基本神经元的前端,它的输入数据是多种的,可以是确定的或模糊的、连续的或离散的。输出一般为标准化的值,由系统的模糊变量基本状态隶属度函数确定。模糊化把产品造型参数的信号转化为模糊集,重点是确定产品意象造型评价系统输入数据的精确值并依据模糊度和隶属度函数转化为合适的模糊值。

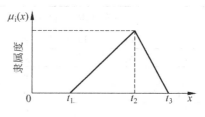

图 5-9　三角模糊数及其隶属度

本实例利用三角形隶属度函数对汽车研究样本的意象造型评价值进行模糊处理。三角形隶属度函数以三元组 (t_1,t_2,t_3) 表示一个三角模糊数,如图 5-9 所示为三角模糊数及其隶属度。

隶属度可表示为

$$\mu_i(x)=\begin{cases}0, & x<t_1 \\ \dfrac{x-t_1}{t_2-t_1}, & t_1 \leqslant x \leqslant t_2 \\ \dfrac{x-t_3}{t_2-t_3}, & t_2<x \leqslant t_3 \\ 0, & x>t_3\end{cases} \qquad (5\text{-}43)$$

(2) 模糊推理层的建立。模糊推理层是整个网络的核心,实现模糊映射、模糊识别、模糊联想和模糊推理。模糊推理层节点数为模糊规则数,该层每个节点只与模糊化层中 m 个

节点中的一个和 n 个节点中的一个相连,共有 $m\times n$ 个节点,即有 $m\times n$ 条规则。

（3）去模糊化层的建立。去模糊化是把产品意象造型评价值的模糊值转化为精确的意象评价值。在产品意象造型评价系统的基本神经元建立过程中,评价系统输出的隶属度 $\mu_{out}(x)$ 是一条折线。为了得出汽车意象评价的"度",需要进一步计算出折线的重心 x_{CG}。

$$x_{CG}=\frac{\int_0^1 x\mu_{out}(x)\mathrm{d}x}{\int_0^1 \mu_{out}(x)\mathrm{d}x}\tag{5-44}$$

去模糊化层的节点数为输出变量模糊度划分的个数 q。该层与模糊推理层的连接为全互连,连接权值为 W_{kj},其中 $k=1,2,\cdots,q,j=1,2,\cdots,m\times n$,权值代表了每条规则的置信度。

3）输出层的建立

利用模糊神经网络建立汽车意象造型评价系统,每个评价系统的输出只有一个值,即各产品造型针对该意象的模糊神经网络的评价值。

模糊神经网络的输入数据是汽车研究样本的造型参数,输出数据是汽车研究样本的意象造型目标评价值。本实例利用基于网络的 SD 调查问卷进行统计分析,确定意象造型目标评价值。基于网络的 SD 调查问卷在甘肃工业设计网的设计调查模块中进行,如图 5-10 所示为基于网络的汽车意象造型 SD 调查问卷系统。

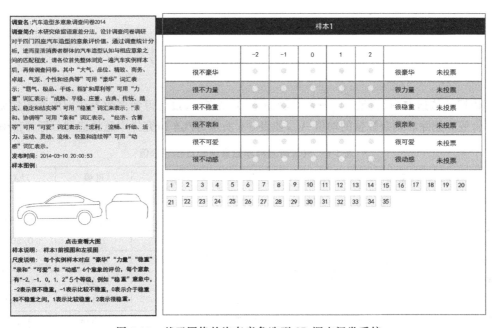

图 5-10　基于网络的汽车意象造型 SD 调查问卷系统

该调查问卷系统共 35 个汽车研究样本,每个研究样本对应"豪华""力量""稳重""亲和""可爱"和"动感"6 个意象,每个意象有"-2、-1、0、1、2"5 个意象评价等级。例如,对于"稳重"意象,-2 表示很不稳重,-1 表示比较不稳重,0 表示介于稳重和不稳重之间,1 表示比较稳重,2 表示很稳重。

工业设计和机械制造的 30 位老师和同学参加了本系统的 SD 调查问卷分析,分别对 35

个样本中的 6 个目标意象进行评价。为了方便处理数据,对意象评价的"−2、−1、0、1、2"5 个等级进行归一化处理,即对"−2,−1,0,1,2"5 个等级分别按照"0、0.25、0.5、0.75、1"取值。依据语义差分法,在某一点±0.125 的区间范围内,可认为产品意象造型的评价值属于该点所在的等级。如图 5-11 所示为归一化后意象评价值对应的等级范围。

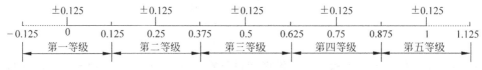

图 5-11 归一化后意象评价值对应的等级范围

从图 5-11 知,对于"豪华"意象,意象评价值范围与对应意象等级为:−0.125~0.125 表示很不豪华、0.125~0.375 表示比较不豪华、0.375~0.625 表示介于豪华与不豪华之间、0.625~0.875 表示比较豪华、0.875~1.125 表示很豪华。从意象评价值的等级范围可知,当产品意象造型评价系统的预测值与实际值误差在 0.125 以下时,则认为该评价系统的误差是合理的。

对所有基于网络的 SD 调查问卷数据进行归一化处理后,利用公式(5-45)和公式(5-46)计算第 i 个样本第 j 个造型意象评价值的均值和方差,其中 i 的范围为 1~35,j 的范围为 1~6,k 为有效调查问卷数量,$k=1,2,\cdots,K$。

$$\overline{A}_{ij} = \sum_{k=1}^{K} A_{ij}^{k}/K \tag{5-45}$$

$$\sigma = \left[\sum_{k=1}^{K} (\overline{A}_{ij} - A_{ij}^{k})^2 / (K-1) \right]^{\frac{1}{2}} \tag{5-46}$$

依据拉依达准则,满足 $|A_{ij}^{k} - \overline{A}_{ij}| \geqslant 3\sigma$ 的予以剔除,最后得到多数人认同的汽车造型意象评价值为剔除后剩余数据的均值 A_{ij},如表 5-6 所示为汽车研究样本意象造型目标评价值。

表 5-6 汽车研究样本意象造型目标评价值

研究样本	豪华	力量	稳重	亲和	可爱	动感
样本 1	0.500	0.594	0.594	0.500	0.406	0.531
样本 2	0.563	0.625	0.594	0.375	0.500	0.469
样本 3	0.500	0.500	0.500	0.500	0.500	0.500
样本 4	0.313	0.313	0.594	0.500	0.563	0.438
样本 5	0.688	0.563	0.594	0.531	0.438	0.656
样本 6	0.531	0.469	0.625	0.625	0.469	0.500
样本 7	0.594	0.594	0.563	0.438	0.344	0.500
样本 8	0.719	0.656	0.625	0.469	0.375	0.500
样本 9	0.656	0.688	0.656	0.438	0.313	0.625
样本 10	0.625	0.344	0.563	0.469	0.563	0.531
样本 11	0.563	0.563	0.625	0.563	0.438	0.563
样本 12	0.719	0.688	0.656	0.531	0.438	0.563
样本 13	0.719	0.625	0.625	0.219	0.563	0.750

续表

研究样本	豪华	力量	稳重	亲和	可爱	动感
样本 14	0.688	0.656	0.563	0.406	0.563	0.719
样本 15	0.500	0.500	0.594	0.563	0.469	0.469
样本 16	0.688	0.688	0.688	0.375	0.344	0.438
样本 17	0.625	0.625	0.594	0.375	0.250	0.531
样本 18	0.469	0.438	0.625	0.594	0.469	0.563
样本 19	0.531	0.500	0.438	0.594	0.563	0.594
样本 20	0.469	0.563	0.625	0.469	0.438	0.344
样本 21	0.750	0.625	0.531	0.250	0.500	0.625
样本 22	0.656	0.719	0.719	0.438	0.281	0.594
样本 23	0.625	0.688	0.656	0.469	0.313	0.625
样本 24	0.656	0.688	0.563	0.344	0.344	0.594
样本 25	0.813	0.750	0.438	0.406	0.719	0.906
样本 26	0.250	0.563	0.594	0.469	0.469	0.250
样本 27	0.531	0.625	0.750	0.750	0.469	0.531
样本 28	0.688	0.594	0.656	0.594	0.563	0.688
样本 29	0.625	0.688	0.625	0.531	0.406	0.469
样本 30	0.438	0.594	0.656	0.563	0.406	0.438
样本 31	0.531	0.625	0.719	0.594	0.438	0.500
样本 32	0.594	0.656	0.656	0.438	0.313	0.563
样本 33	0.750	0.594	0.594	0.500	0.656	0.719
样本 34	0.563	0.625	0.719	0.750	0.438	0.594
样本 35	0.656	0.625	0.688	0.531	0.406	0.531

4）评价系统的训练及误差分析

基于模糊神经网络的汽车意象评价系统的训练是,利用汽车训练样本造型的关键控制点坐标值作为输入数据,汽车训练样本的意象目标评价值作为目标数据,对 6 个汽车意象造型评价系统分别进行训练。

设定基于模糊神经网络的汽车意象造型评价系统训练的相关参数,经过反复训练,汽车意象造型评价网络最终收敛于一个可接受的误差,如图 5-12 所示为汽车"豪华"意象评价系统的收敛过程。当 6 个基于模糊神经网络的汽车意象造型评价系统都达到收敛,则汽车意象造型评价系统的训练完成。

汽车造型的 6 个意象模糊神经网络训练完成后,需进行误差分析。本实例利用 5 个测试样本分别对 6 个评价系统进行误差分析。把各测试样本的造型参数输入 6 个评价系统中,分别预测出测试样本的造型意象评价值,如表 5-7 分别为汽车"豪华""力量""稳重""亲和""可爱"和"动感"6 个意象评价系统的误差分析。通过对比分析,30 组数据中 7 组数据的误差大于 0.125 的误差范围,准确率为 76.7%,因此基于模糊神经网络的 6 个汽车意象造型评价系统的误差是合理的。

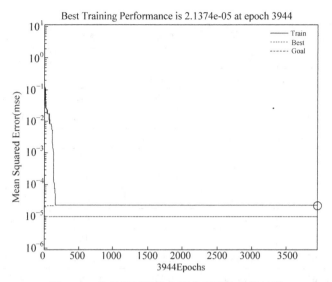

图 5-12　汽车"豪华"意象评价系统的收敛过程

表 5-7　各汽车评价系统的误差分析

目标意象	测试样本	评价系统预测值	SD 调查分析值	误差绝对值
豪华	样本 12	0.653	0.719	0.066
	样本 13	0.687	0.719	0.032
	样本 25	0.759	0.813	0.054
	样本 27	0.612	0.531	0.081
	样本 33	0.501	0.750	0.249
力量	样本 12	0.521	0.688	0.167
	样本 13	0.629	0.625	0.004
	样本 25	0.682	0.750	0.068
	样本 27	0.507	0.625	0.118
	样本 33	0.619	0.594	0.025
稳重	样本 12	0.713	0.656	0.057
	样本 13	0.712	0.625	0.087
	样本 25	0.612	0.438	0.174
	样本 27	0.624	0.750	0.126
	样本 33	0.519	0.594	0.075
亲和	样本 12	0.632	0.531	0.101
	样本 13	0.316	0.219	0.097
	样本 25	0.407	0.406	0.001
	样本 27	0.584	0.750	0.166
	样本 33	0.612	0.500	0.112
可爱	样本 12	0.513	0.438	0.075
	样本 13	0.713	0.563	0.150
	样本 25	0.774	0.719	0.055
	样本 27	0.579	0.469	0.110
	样本 33	0.682	0.656	0.026

续表

目标意象	测试样本	评价系统预测值	SD 调查分析值	误差绝对值
动感	样本 12	0.493	0.563	0.070
	样本 13	0.694	0.750	0.056
	样本 25	0.773	0.906	0.133
	样本 27	0.554	0.531	0.023
	样本 33	0.746	0.719	0.027

5.3.3　四层神经网络

1. 基本概念

四层神经网络是由 BP 神经网络改良而来。从可拓学角度分析,思维对象属于物元。产品形态由多个部件组成,其思维物元描述为 $\boldsymbol{P}_i = \{p_1, p_2, \cdots, p_n\}$,而其中部件 $\boldsymbol{p}_j$ 的特征由参数 $\{d_{j1}, d_{j2}, \cdots, d_{jk}\}$ 确定,其为思维对象特征,每个特征参数 d 的值域为 $v(d)$。用户在感知某一产品形态时,在整体扫描的基础上,感知到的是相对应的产品部件(即思维物元),而各部件由特征参数控制,不属于此部件的特征参数不影响该思维物元。

依据格式塔心理学和可拓学理论,建立改良型四层 BP 神经网络模拟产品形态意象认知,如图 5-13 所示。

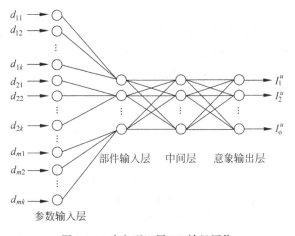

图 5-13　改良型四层 BP 神经网络

其结构包括:参数输入层、部件输入层、中间层和意象输出层。其中,参数输入层输入产品形态控制参数;部件输入层的节点对应于产品形态所包含的部件,输入层的形态控制参数所对应的节点与其所属部件对应的节点相连接,与其他节点不连接,此特点基于视知觉的整体组织性,也是该网络与其他 BP 神经网络最大的区别;意象输出层输出用户的感性意象值;中间层连接部件输入层和意象输出层;部件输入层所有节点与中间层所有节点连接,中间层所有节点与意象输出层所有节点连接。该网络体现了用户针对产品意象造型的视知觉特性。

（1）参数输入层的形态控制参数所对应的节点与其所属部件对应的节点相连接，与其他节点不连接，体现了视知觉的整体组织性。

（2）四层神经网络的各层节点以及层与层之间的计算参数体现了受调查用户对产品形态意象感知的恒常记忆性。

（3）参数输入层到部件输入层的权值和部件输入层到中间层的权值体现了用户对产品意象造型设计要素的选择分辨和简约调节。

2. 实例分析

该部分运用的样本及样本分析方式与 BP 神经网络中的相同，故对高脚杯的分析过程在此不再赘述。

根据改良型四层 BP 神经网络的产品意象评价模型构建产品意象智能评价系统，该系统具有参数输入层、部件输入层、中间层和意象输出层的四层神经网络结构。

1）系统结构

（1）参数输入层。根据高脚杯形态的分析数据，高脚杯轮廓线包含 6 个设计参数（x_1、y_1、x_2、x_3、y_4、y_5），因此系统的参数输入层包含 6 个神经元节点。

（2）部件输入层。依据高脚杯形态的分析结果，高脚杯形态设计要素中的个性要素包括杯口大小、杯身形态和杯腿长短 3 个要素，因此部件输入层包含 3 个神经元节点。其中，参数输入层中的 x_1 节点与部件输入层中的节点 p_1 连接，参数输入层中的 x_1、y_1、x_2、x_3、y_4 节点与部件输入层中的 p_2 节点连接，参数输入层中的 y_4、y_5 节点与部件输入层中的 p_3 点连接。

（3）中间层。中间层接收并处理部件输入层的信息，并将处理过的信息输出给意象输出层，其节点数选取部件输入层和意象输出层之和的一半，因此系统的中间层包含 4 个神经元节点，且部件输入层的所有节点与中间层所有节点连接，中间层的所有节点与输出层的所有节点连接。

（4）意象输出层。意象输出层对应于感性意象，本实例将分析高脚杯 4 个感性意象的相关数据，因此意象输出层包含 4 个神经元节点，对应于产品的 4 个感性意象。

2）系统算法

（1）节点与权值。完成训练后，四层网络的各层节点以及层与层之间的计算参数代表着受调查用户对产品形态意象感知评价的恒常记忆。

参数输入层节点包含 6 个神经元节点，输入参数记为 $[d_1, d_2, d_3, d_4, d_5, d_6]$；部件输入层包含 3 个神经元节点，记为 $[p_1, p_2, p_3]$；中间层包含 4 个神经元节点，记为 $[m_1, m_2, m_3, m_4]$；意象输出层包含 4 个神经元节点，记为 $[I_1^u, I_2^u, I_3^u, I_4^u]$；意象输出层的输出期望值记为 $[T_1, T_2, T_3, T_4]$。

部件对控制参数的选择分辨，参数输入层到部件输入层的权值记为集合 $W_0 = \{W_0(1,1), W_0(1,2), \cdots, W_0(1,6), W_0(2,1), \cdots, W_0(2,6), \cdots, W_0(3,1), \cdots, W_0(3,6)\}$；参数输入层到部件输入层的偏置值记为集合 $B_0 = \{B_0(1,1), B_0(2,1), B_0(3,1)\}$。

意象感知系统对部件的选择分辨，部件输入层到中间层的权值记为集合 $W_1 = \{W_1(1,1), W_1(1,2), W_1(1,3), W_1(2,1), W_1(2,2), W_1(2,3), W_1(3,1), W_1(3,2), W_1(3,3), W_1(4,1), W_1(4,2), W_1(4,3)\}$；部件输入层到中间层的偏置值记为集合 $B_1 = \{B_1(1,1), B_1(2,1),$

$B_1(3,1),B_1(4,1)\}$。

中间层到意象输出层的权值记为集合 $W_2=\{W_2(1,1),W_2(1,2),W_2(1,3),W_2(1,4),$ $W_2(2,1),W_2(2,2),W_2(2,3),W_2(2,4),W_2(3,1),W_2(3,2),W_2(3,3),W_2(3,4),W_2(4,1),$ $W_2(4,2),W_2(4,3),W_2(4,4)\}$；中间层到意象输出层的偏置值记为集合 $B_2=\{B_2(1,1),$ $B_2(2,1),B_2(3,1),B_2(4,1)\}$。

假设学习效率为 η，以对数-S 型函数作为层与层之间的传递函数，即

$$f(x)=\frac{1}{1+\mathrm{e}^{-x}} \tag{5-47}$$

(2) 初始化。将处于区间 $[0,1]$ 的随机值赋予 W_0、B_0、W_1、B_1、W_2、B_2，整理输入样本与输出样本。本实例针对输入样本与输出样本进行归一化处理，以期加快网络收敛速度。

(3) 前向计算。系统对输入数据进行 3 次数据处理，包括：参数输入层到部件输入层的数据处理；部件输入层到中间层的数据处理；中间层到意象输出层的数据处理。

参数输入层到部件输入层的数据计算：

当 $j=1$ 时，

$$p_1=f(W_0(j,1)d_1+B_0(j,1)) \tag{5-48}$$

当 $j=2$ 时，

$$p_2=f\left(\sum_{i=1}^{5}W_0(j,i)d_i+B_0(j,i)\right) \tag{5-49}$$

当 $j=3$ 时，

$$p_3=f\left(\sum_{i=5}^{6}W_0(j,i)d_i+B_0(j,i)\right) \tag{5-50}$$

部件输入层到中间层的数据计算：

$$m_j=f\left(\sum_{i=1}^{3}W_1(j,i)p_i+B_1(j,i)\right) \tag{5-51}$$

其中，$j=1,2,3,4$。

中间层到意象输出层的数据计算：

$$I_j^u=f\left(\sum_{i=1}^{4}W_2(j,i)m_i+B_2(j,i)\right) \tag{5-52}$$

其中，$j=1,2,3,4$。

(4) 误差计算。性能指数反映神经网络的运行状况，本实例采用期望输出与实际输出之间的均方误差(MSE)表示。

$$\mathrm{MSE}=\frac{1}{4}\sum_{i=1}^{4}(T_i-I_i^u)^2 \tag{5-53}$$

(5) 反传计算。依据性能指数评判神经网络，当网络性能不符合要求时，必须运用反传计算调整各权值和偏置值。

意象输出层的误差计算：

$$\Delta I_j^u=(T_j-I_j^u)I_j^u(1-I_j^u) \tag{5-54}$$

其中，$j=1,2,3,4$。

中间层的误差计算：

$$\Delta m_j = \sum_{k=1}^{4} \Delta I_k^u W_2(j,k) m_k(1-m_k) \tag{5-55}$$

其中，$j=1,2,3,4$。

部件输出层的误差计算：

$$\Delta p_j = \sum_{k=1}^{3} \Delta m_k W_1(j,k) p_k(1-p_k) \tag{5-56}$$

其中，$j=1,2,3$。

中间层到意象输出层的权值与偏置值的调整量为

$$\Delta W_2(j,i) = \eta \Delta I_j^u m_j \tag{5-57}$$

$$\Delta B_2(j,1) = +\eta \Delta I_j^u \tag{5-58}$$

其中，$i=1,2,3,4$；$j=1,2,3,4$。

部件输出层到中间层的权值与偏置值的调整量为

$$\Delta W_1(j,i) = \eta \Delta m_j p_j \tag{5-59}$$

$$\Delta B_1(j,1) = +\eta \Delta m_j \tag{5-60}$$

其中，$i=1,2,3$；$j=1,2,3,4$。

参数输入层到部件输入层的权值与偏置值的调整量为

$$\Delta W_0(1,i) = \eta \Delta p_j d_j \tag{5-61}$$

其中，$i=1$；$j=1$。

$$\Delta W_0(2,i) = \eta \Delta p_j d_j \tag{5-62}$$

其中，$i=1,2,3,4,5$；$j=2$。

$$\Delta W_0(3,i) = \eta \Delta p_j d_j \tag{5-63}$$

其中，$i=5,6$；$j=3$。

$$\Delta B_0(j,1) = +\eta \Delta p_j \tag{5-64}$$

其中，$j=1,2,3$。

依据调整量修正各权值与偏置值，中间层到意象输出层的权值与偏置值修正为

$$W_2(j,i) = W_2(j,i) + \Delta W_2(j,i) \tag{5-65}$$

$$B_2(j,1) = B_2(j,1) + \Delta B_2(j,1) \tag{5-66}$$

其中，$i=1,2,3,4$；$j=1,2,3,4$。

部件输入层到中间层的权值与偏置值修正为

$$W_1(j,i) = W_1(j,i) + \Delta W_1(j,i) \tag{5-67}$$

$$B_1(j,1) = B_1(j,1) + \Delta B_1(j,1) \tag{5-68}$$

其中，$i=1,2,3$；$j=1,2,3,4$。

参数输入层到部件输入层的权值与偏置值修正为

$$W_0(1,i) = W_0(1,i) + \Delta W_0(1,i) \tag{5-69}$$

其中，$i=1$。

$$W_0(2,i) = W_0(2,i) + \Delta W_0(2,i) \tag{5-70}$$

其中，$i=1,2,3,4,5$。

$$W_0(3,i) = W_0(3,i) + \Delta W_0(3,i) \tag{5-71}$$

其中，$i = 5,6$。

$$B_0(j,1) = B_0(j,1) + \Delta B_0(j,1) \tag{5-72}$$

其中，$j = 1,2,3$。

5.4　回归型支持向量机

支持向量机是智能技术的重要方面，其以统计学理论为基础。主要思路是从已知样本中抽取部分样本寻找数据间的某种规律，并利用剩余的样本对此规律进行验证，用验证后的规律对未知数据进行智能预测。

近些年来，回归型支持向量机（SVR）的理论和应用研究取得了良好进展。在 SVR 模型的相关参数确定方面，国际上目前并没有一致公认的最好确定方法。在现阶段 SVR 模型参数确定方法中，主要有三种方法：直接确定法、网格搜索法和交叉验证法。由于交叉验证法的可靠性较高，本书利用其确定 SVR 中的相关参数。

在感性工学研究领域，许多学者将支持向量机理论引入到了产品设计中，以研究设计要素与感性意象之间的关系。例如，王焜洁等[41]人把感性工学理论和支持向量机理论相结合，建立了产品造型设计要素与产品感性意象之间的关系，进而形成专家系统予以支持设计出满足用户感性意象需求的产品造型。石夫乾等[42]人利用模糊分类支持向量机理论来获取产品关键造型特征的感性意象。

5.4.1　回归型支持向量机问题的描述

回归型支持向量机是一种以统计学习理论为基础的机器学习方法，其主要针对小样本问题提出，可以有效地解决非线性问题[43]。回归问题是指已知给定一个新的样本 x 作为输入，根据已知给定的样本数据计算其所对应的输出 y 值的大小。回归问题的数学语言描述如下[44]：

已知数据样本集合为 $\{(x_1,y_1),\cdots,(x_l,y_l)\}$，其中 $x_i \in \mathbf{R}^n, y_i \in \mathbf{R}, i = 1,2,\cdots,l$，寻找 R_n 的一个映射 $f(x)$，用 $y = f(x)$ 来预测任一输入 x 所对应的输出 y 值。

为了利用支持向量机解决回归方面的问题，需要在支持向量机分类的基础上确定一个损失函数，该函数可忽略在其真实值某个上下范围以内的误差，将这种类型的函数称为 ε 不敏感损失函数[45]。ε 不敏感损失函数的问题解以函数的最小化为其特征，这一优势可以保证全局最小解的存在以及可靠泛化界的优化，取得了很好的性能效果。SVR 的基本思想不再是找寻一个最优分类面以使两类样本分开，而是寻找一个最优分类面，在训练该评价模型的过程中，使得所有训练样本到该面的距离最短，如图 5-14 所示。

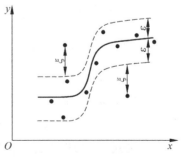

图 5-14　SVR 基本思想示意图

5.4.2　非线性回归型支持向量机

在利用 SVR 求解非线性问题时,不失一般性,设含有 l 个训练样本的训练集为 $\{(x_i,y_i),$ $i=1,2,\cdots,l\}$,其中,$x_i(x_i \in R^d)$ 是训练集中第 i 个产品样本的输入列向量(产品造型设计参数),$x_i=[x_i^1,x_i^2,\cdots,x_i^d]^T$,$y_i \in R^d$ 为训练样本对应的输出值(产品样本相应的感性意象值)。

在解决非线性问题时,正如对一般问题进行简化一样,通过高维变换实现向线性问题的转换,需建立高维空间的线性回归函数:

$$f(x)=\omega\phi(x)+b \tag{5-73}$$

其中,$\phi(x)$ 是非线性映射函数。

设 ε 线性不敏感损失函数为

$$L[f(x),y,\varepsilon]=\begin{cases} 0, & |y-f(x)| \leqslant \varepsilon \\ |y-f(x)|-\varepsilon, & |y-f(x)| > \varepsilon \end{cases} \tag{5-74}$$

其中,$f(x)$ 为回归函数所求解问题的预测值;y 为回归问题对应的真实值。ε 线性不敏感损失函数表示若预测值 $f(x)$ 与真实值 y 之间的误差小于等于 ε,则认为损失为 0,如图 5-15 所示。

引入松弛变量 ξ_i 和 ξ_i^*,并将以上求解线性回归函数中的 w 和 b 的问题表述为

$$\begin{cases} \min \dfrac{1}{2} \| w \|^2 + C \sum_{i=1}^{l}(\xi_i+\xi_i^*) \\ \text{s. t.} \begin{cases} yi-\omega\phi(xi)-b \leqslant \varepsilon+\xi_i \\ -yi+\omega\phi(xi)+b \leqslant \varepsilon+\xi_i^* \\ \xi_i \geqslant 0, \quad \xi_i^* \geqslant 0 \end{cases} \end{cases} \tag{5-75}$$

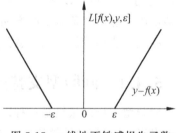

图 5-15　ε 线性不敏感损失函数

其中,C 为惩罚因子,其表示当训练样本的误差大于 ε 时,对训练样本惩罚的程度大小,C 越大,惩罚越大;ε 表示对回归函数的误差要求,其值越小要求回归函数的误差越小。

求解公式(5-75)时引入拉格朗日函数,并转换为对偶形式:

$$\begin{cases} \max_{\alpha,\alpha^*} \left[-\dfrac{1}{2}\sum_{i=1}^{l}\sum_{j=1}^{l}(\alpha_i-\alpha_i^*)(\alpha_j-\alpha_j^*)K(x_i,x_j) - \sum_{i=1}^{l}(\alpha_i+\alpha_i^*) + \sum_{i=1}^{l}(\alpha_i-\alpha_i^*)y_i \right] \\ \text{s. t.} \begin{cases} \sum_{i=1}^{l}(\alpha_i-\alpha_i^*)=0 \\ 0 \leqslant \alpha_i \leqslant C \\ 0 \leqslant \alpha_i^* \leqslant C \end{cases} \end{cases} \tag{5-76}$$

其中,$K(x_i,x_j)=\phi(x_i)\phi(x_j)$ 为核函数。

求解公式(5-76)得到的最优解为 $\alpha[\alpha_1,\alpha_2,\cdots,\alpha_l]$,$\alpha^*=[\alpha_1^*,\alpha_2^*,\cdots,\alpha_l^*]$,则有

$$\omega^*=\sum_{i=1}^{l}(\alpha_i-\alpha_i^*)\phi(x_i) \tag{5-77}$$

$$b^* = \frac{1}{N_{nsv}} \left\{ \sum_{0 < \boldsymbol{\alpha}_i < C} \left[y_i - \sum_{x_i \in SV} (\boldsymbol{\alpha}_i - \boldsymbol{\alpha}_i^*) K(x_i, x_j) - \varepsilon \right] + \right.$$

$$\left. \sum_{0 < \boldsymbol{\alpha}_j < C} \left[y_j - \sum_{x_j \in SV} (\boldsymbol{\alpha}_j - \boldsymbol{\alpha}_j^*) K(x_i, x_j) + \varepsilon \right] \right\} \qquad (5\text{-}78)$$

其中，N_{nsv} 为支持向量个数。

求得回归函数为

$$f(x) = \boldsymbol{\omega}^* \phi(x) + b^* = \sum_{i=1}^{l} (\boldsymbol{\alpha}_i - \boldsymbol{\alpha}_i^*) \phi(x_i) \phi(x) + b^*$$

$$= \sum_{i=1}^{l} (\boldsymbol{\alpha}_i - \boldsymbol{\alpha}_i^*) K(x_i, x) + b^* \qquad (5\text{-}79)$$

其中，公式(5-79)中只有部分参数($\boldsymbol{\alpha}_i - \boldsymbol{\alpha}_i^*$)不等于零，其对应的样本 $\boldsymbol{x}_i$ 即为所求解问题中的支持向量。

5.4.3 核函数

核函数方法是支持向量机得以广泛应用的技术之一。核函数方法就是在解决非线性问题时将 n 维空间中的随机向量 x 通过非线性映射函数 ϕ 进行高维变换，将非线性问题变成高维空间的线性问题进行计算。在利用核函数解决实际非线性问题时，只需要用相应类型的核函数代替线性算法中的内积，而不需要知道 ϕ 的具体形式，就可得到实际问题所对应的非线性算法。常用的核函数如下：

(1) 线性核函数：$K(x, x_i) = x x_i$；

(2) d 阶多项式核函数：$K(x, x_i) = (x x_i + 1)^d$；

(3) RBF 核函数：$K(x, x_i) = \exp\left(-\frac{\| x - x_i \|^2}{2\sigma^2} \right)$；

(4) Sigmoid 核函数：$K(x, x_i) = \tanh[k(x x_i) + \theta]$。

线性核函数和 Sigmoid 核函数所对应问题的正确率较低，而 RBF 核函数和 d 阶多项式核函数所对应问题的正确率相当，但若同时考虑模型的泛化能力和测试集的预测正确率，则 RBF 核函数所对应模型的性能最佳[46]，因此，通常选择 RBF 核函数实现非线性变量的高维变换。

与传统的神经网络理论相比，支持向量机具有以下几个优点：

(1) 针对小样本问题提出，正好解决了实际应用中样本数据难以保证的问题，可在少量样本下得到全局最优解。

(2) 在求解过程中将非线性问题转换为高维空间的线性问题，相当于一个二次规划问题，根据其理论可得到问题的全局最优解，避免了局部最优的缺陷。

(3) 其拓扑结构由求解过程得到的($\boldsymbol{\alpha}_i - \boldsymbol{\alpha}_i^*$)决定，确定模型结构时不需要反复试凑。

(4) 其通过非线性映射函数 ϕ，将实际应用中的非线性问题变换为高维空间的线性问题，这样既保证了模型的泛化能力，使得预测结果更为准确，又可解决实际应用中的"维数灾难"问题。

5.4.4 实例分析

选择四轮轿车轮廓作为研究对象,经筛选确定 50 个代表性样本,并确定"动感""豪华""稳重"和"大气"4 个感性意象中的"动感"和"大气"作为目标感性意象。

用 1~10 个关键点控制汽车样本的顶端线,利用与其他造型线的关系来参数化样本,并记录其坐标值为后续研究提供数据。如图 5-16 所示。

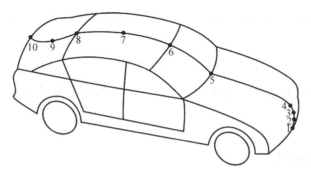

图 5-16　汽车轮廓的关键控制点

将筛选的目标感性意象与代表性样本进行 SD 调查,以量化的汽车造型设计参数为输入,以归一化的调查结果为输出,建立基于 SVR 的汽车造型意象评价系统。采用随机的方法从 50 个调查汽车样本中选取 45 个样本作为训练集,剩余的 5 个样本作为测试集用来对系统的性能进行验证。利用交叉验证法寻找出最佳的惩罚因子 $C_{动感}=16.0000$,$C_{大气}=1.4142$,RBF 核函数中的方差 $\sigma_{动感}=9.7656\times10^{-4}$,$\sigma_{大气}=0.3536$。利用训练集进行训练,之后用测试集样本进行验证分析,结果如图 5-17 和图 5-18 所示。

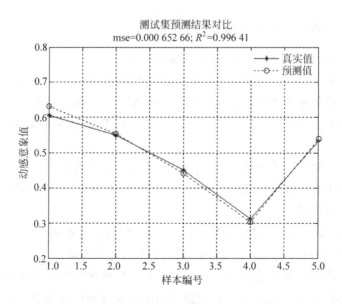

图 5-17　汽车轮廓"动感"意象的测试结果

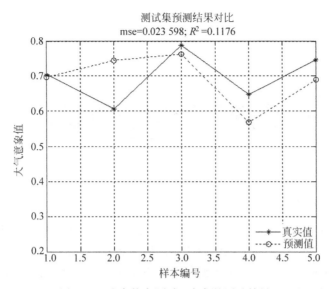

图 5-18　汽车轮廓"大气"意象的测试结果

由图 5-17 和图 5-18 可知,10 组数据中只有 1 组数据的误差大于 0.125 的合理误差,预测精度达到 90%。因此,基于支持向量机产品意象造型评价系统具有良好的性能,可用于后续优化系统的适应度计算。

第6章

产品意象造型智能设计

当今人们生活水平普遍提高,产品的实用功能已不再是消费者购买产品的决定性因素,消费者更倾向于购买多样化和个性化的产品。消费者对产品的首要印象是产品的外观,因而某产品所营造出的感性意象会影响消费者的购买决策[47]。如何从消费者大量的、模糊的和不确定的感性意象中获取有用的信息,进而指导设计,是目前人工智能、智能决策等领域研究的热点之一。

产品意象造型智能设计是综合运用智能信息、设计学、心理学和认知科学等学科,对广义的产品造型进行情感化设计,使其在满足功能的基础上,能够对消费者产生心灵共鸣。产品意象造型智能设计是产品创新设计的一个分支,是先进工业设计时期的具体表现,更注重消费者对产品的情感需求和意象理解。

由于计算机具备快速的运行能力和强大的图形衍化能力,逐渐被广泛地应用于产品造型设计中[48]。因为计算机具有强大的形态变化能力,在给定参数范围内,可使产品设计要素自由组合,尽可能多地生成各种造型形态,进而满足设计师和用户的感性需求。在现代工业设计中,计算机凭借其强大的逻辑运算能力和图形衍化功能而被广泛应用,使得产品设计效率得以很大程度地提高,并使产品意象造型智能设计成为研究热点,有效地推动了智能设计的研究。

6.1 设计流程与设计认知

6.1.1 设计流程解析

信息技术的迅速发展推动了产品意象造型设计的研究,特别是基于进化算法的产品意象造型智能设计成为研究热点。

产品意象造型智能设计的设计流程共分为 5 步,如图 6-1 所示。

第 1 步为确定目标意象词汇,即明确消费者的情感意象需求。首先通过网络、期刊、书籍等途径收集与目标产品相关的意象词汇。其次通过 SD 调查问卷的方式将意象词汇定量描述,并运用数理统计的方法筛选意象词汇,从而确定目标意象词汇,常用的数理统计方法有聚类分析法、主成分分析法、多元尺度法和层次分析法等。

第 2 步为确定实例样本。从网络、期刊、数据等途径收集目标产品的实例样本图片,运

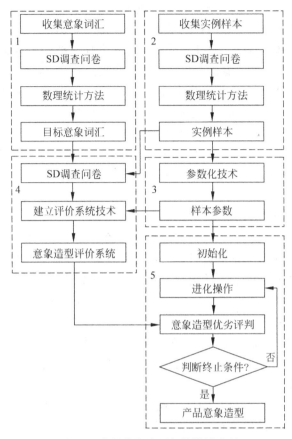

图 6-1　产品意象造型智能设计流程

用 SD 调查问卷对用户或设计师进行调研,将实例样本以定量化数据的形式进行描述,并结合数理统计方法确定代表性实例样本,常用的分析方法与确定目标意象词汇的数理统计方法一致。

第 3 步为参数化样本。运用参数化技术将实例样本的形态以数据化形式进行呈现,以便进行定量分析。常用的参数化技术包括曲线控制法、参数模型法、产品特征法和频谱分析法等。

第 4 步为建立产品意象造型评价系统。将样本参数作为输入,样本的意象造型评价值作为输出,通过该系统进行产品意象造型的智能评价。常用的建立评价系统技术包括模糊聚类分析、数量化Ⅰ类、人工神经网络等。

第 5 步为建立产品意象造型进化设计系统。将样本参数作为输入,对产品形态进行遗传操作,结合意象造型评价系统对其结果进行意象造型优劣评判,从而使产品形态进行优化。常用的技术有遗传算法、群智能算法、交互式进化算法和混合算法等。

6.1.2　设计思维解析

设计思维由布莱恩·劳森(Bryan Lawson)于 1980 年首次提出,他指出设计是一种独特的思维形式,是设计者理解后更善于设计的技巧,设计思维运用描述而非模型的形式来表达设计进程中的模糊属[49]。国外著名设计咨询公司 IDEO[50] 将设计思维定义为："运用设计师的感知模式和行为方法创造出在技术和商业上都满足的,且可以转换成消费者的价值和市场机会的一种规则"。目前,设计思维并没有一个唯一准确的定义,研究者从各自角度出发对设计思维提出了不同的看法。但从哲学的角度上讲,大家公认的是"以人为本,创建未来"。"以人为本"不仅是指以用户为中心,还需考虑人与自然和谐共处,既需包含能够反映人类目标的物体,又要能反映自然法则的现象,需要具有将两个不同的部分关联到一起的能力,而设计思维恰好可以起到这种作用[51]。从设计到设计思维的演变,实质上是由创造物品演变为分析人和产品间的关联,最终演变到分析人与人之间的关联[52]。从不同角度对设计思维进行研究,可帮助学者更加充分地了解设计思维产生的过程和内在的固有规律。

1. 基于 ASE 循环思维模式的设计思维研究

学者们试图从自身的研究行为、研究过程及两者与研究成果的联系中获取产生优秀设计方案的思维构件,进而得知产品设计的固有思维规律。通常情况下,人们通过分析设计产品时的设计进程、思维模式和设计策略及其相互关系来探索设计的固有规律,从而在本质上为设计创新的产生提供了理论基础。分析-综合-评估(analysis-synthesis-evaluation,ASE)是最小单元的设计进程模式,其进程作为设计进程中的柔性化单元,可以形成计划和组织设计行为的框架。ASE 循环如图 6-2 所示。在概念设计中,设计者首先分析问题,随后再对设计方案进行综合和评估。设计思维按搜索答案的方向不同,分为发散思维与收敛思维。创新思维也是通过 ASE 循环实现的,它首先通过发散思维产生新颖性,再通过收敛思维对新颖性进行评估。

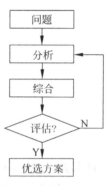

图 6-2　设计过程中的 ASE 循环

在 ASE 循环的分析进程中,宽度优先是设计的核心策略,主要的设计思维模式是发散思维;在 ASE 循环的综合进程中,深度优先是设计的核心策略,主要设计思维模式是收敛思维;在 ASE 循环的评估进程中,机会主义是设计的核心策略,该过程同时使用发散思维和收敛思维。

由于蚁群算法是模拟生物界的一种仿生智能优化算法,从认知思维的角度看,它与上述设计思维具有一致性,在一定程度上能够模拟设计师的设计思维。在蚁群算法优化产品造型过程中,使用数量化Ⅰ类建立产品感性意象认知与设计要素之间的关系作为评判进化产品优劣的依据。蚁群算法与设计思维的对应关系如图 6-3 所示。

创造性思维是在人具有感知能力、记忆能力、思考能力、联想能力、理解能力等的基础上产生的一种高级心理活动,它具有综合性、探索性和求新性等特点。创造性思维是主体通过应用各种思维方式,对头脑中已存储的知识和信息进行组合加工,从而形成新概念的思维过程。产生创造性思维一般需要经历四个阶段[53],简单概括为准备阶段、孕育阶段、明朗阶段和验证阶段。

(1)准备阶段。分析问题,围绕问题搜集相关资料,并在此基础上厘清解决问题的思路,对应于蚁群算法的初始化部分。

(2)孕育阶段。提取知识,并对设计观念进行联想、合并、转换和类比推理,从而形成内隐认知,对应于蚁群优化的全过程。

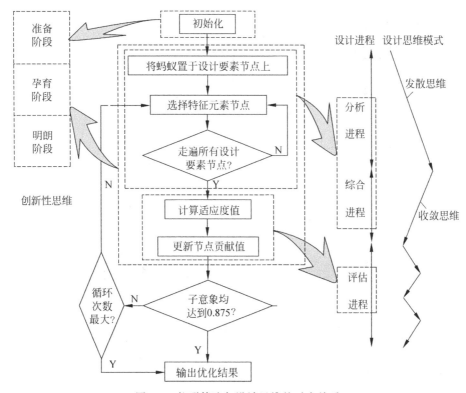

图 6-3 蚁群算法与设计思维的对应关系

（3）明朗阶段。经过长时间的孕育后，认知主体对要解决的问题渐渐熟悉。明朗阶段是前两个阶段认真准备和长期孕育的结果，是创造性思维过程中最重要的环节，对应于蚁群优化的全过程。

（4）验证阶段。对前三个阶段形成的新概念进行检验和评估。

而且在对产品造型优化设计的过程中，该进程主要通过设计者的创造性思维来实现。首先，从使用者的需求出发，应用发散思维获取设计灵感；其次，应用收敛思维对该灵感进行整理；最后，产生新的产品方案并对其可行性进行评估。随着计算机辅助工业设计的广泛应用，产品形态自动演化有了更坚实的理论依据，以交互式单亲遗传算法构建进化设计模型模拟设计思维进程，通过人工评判的方式，可以让设计师通过人机交互界面挑选自认为比较优秀的方案，被选中的方案直接保存到新种群中进行繁殖。从而更好地体现人的设计思维，继而使设计出的产品更符合使用者的需求。遗传算法与设计思维的对应关系如图 6-4 所示。

2. 基于认知实验的设计思维研究

在产品意象形态设计进程中，设计师的大脑处在一种庞杂的认知思考活动中。为探索其进行认知活动的信息加工过程，运用产品意象形态认知实验对设计者的设计思考过程进行剖析。而通过认知实验探索设计师的思考过程通常是利用心理学和认知科学等的研究方法，观察、分析被试者的设计活动和表现，进而分析探讨设计行为背后蕴藏的设计思考模式。运用口语分析法对设计者在设计进程中真实的思维状态进行研究，通过对口语分析报告的

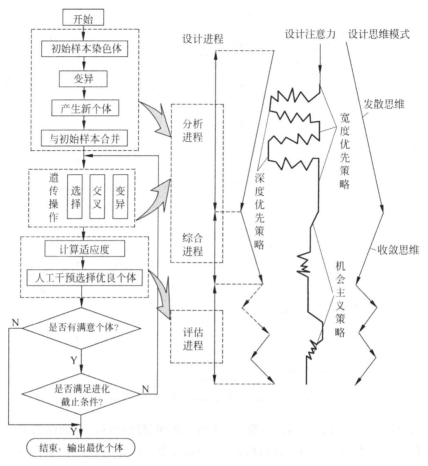

图 6-4 遗传算法与设计思维的对应关系

转译、编码、分析,得到了设计师的设计思维过程的解析模型。在此选择"复古"造型水龙头设计过程为例进行认知实验,其研究流程如图 6-5 所示。

1)设计任务书

为保证被试者可以形成一定规模的设计思维空间,本次实验中选定的设计任务,对于被试者来说应该既不属于常规的设计任务,又能够提供比较熟悉的设计情景,以便形成适当规模的设计思维空间,并且能够充分和自由地发挥被试者的创造力和想象力,另外要能够便于主试者清晰地查看被试者的全部设计过程、设计策略和设计方法的运用。基于以上分析,本次实验选取的设计任务是:在 60min 内,设计一款家用"复古"造型的水龙头。选取两名具备五年以上工作经验的工业设计师作为模拟对象;因学生设计经验缺乏,思维相对约束小,故另选取四名高年级工业设计学生作为参照对象,进行认知实验;将两名有设计经验的被试者定义为 A 组,将四名无设计经验的被试者定义为 B 组。

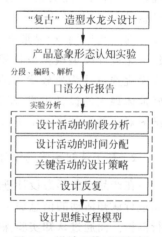

图 6-5 设计思维过程解析研究流程

设计任务：家用"复古"造型的水龙头的方案设计。

水是生命之源，水龙头又是家家户户必备的产品之一，现在请您以"复古"造型这一概念为切入点，对家用水龙头的造型进行设计。设计过程中，在充分考虑使用场景和人机关系的同时，请您尽情发挥想象力，可以提出各种方案。您既可以绘制简略的草图，简明扼要地展现出您的整体设计方案。同时，您也可以利用文字等对草图进行必要的标注（包括材质、尺寸、颜色等信息），以便我们能够清楚地理解您的设计方案，为接下来的实验研究给予良好的数据支撑。

您有 60min 的时间用于完成给定的设计任务。在设计时，请您一直"出声思考"，若您在 30s 内一直保持沉默，主试者将对您进行提醒。实验完成前 15min，主试者会给予您提醒，且实验全程录像和录音。

2）实验实施和数据采集

在正式实验开始之前，先进行预实验，即主试者先对"出声思考"法进行解释，并给出实际设计问题让被试者进行"出声思考"练习。然后开始正式实验，要求被试者解决上述产品意象形态设计问题，设计过程中可以采取草图和文字的形式来表现"复古"形态水龙头的设计思路和设计方案。实验进程中，被试者应一直进行"出声思考"，若 30s 内没有出声，则主试者应对其进行提醒；实验结束前 5min，提醒被试者所剩时间。

为避免实验数据的丢失，同时保证实验记录的客观性和准确性，用录像的形式记录设计者的全部设计过程，实验结束后，将录像中被试者的语言进行转录，同时记录除语言外的其他动作（如草图的绘制、做标记），为之后的数据分段做准备。因此，本实验中的数据分为三部分：被试者的思考过程表述（"出声思考"的语言）、被试者的动作（如查看设计任务、画草图等）、被试者的草图表述。表 6-1 和表 6-2 分别为记录的无经验被试者 B1 和有经验被试者 A1 设计行为和言语的部分实验数据。

表 6-1　无经验被试者 B1 的部分实验数据（0～5min）

时　　间	实 验 数 据
00:00:40	设计"复古"形态水龙头……（查看设计任务书）
00:01:25	市场……首先要对市场进行调研……（写文字）就是看市场上现有的复古形态水龙头……分析……（写文字）思考自己家里的水龙头形态（思考）市场调研完后就（思考）
00:02:03	造型……可以参照哪些形态，需要哪些形态特征（写文字）
00:02:23	第一，使用方便，这是最基本的。家用的话不需要太夸张的造型（写文字）
00:02:58	可能的话可以在旋钮上做文章（绘制草图），小时候家里的水龙头（写文字）
00:03:28	功能的话（看设计任务），现有的功能足够，且本次设计造型为主
00:04:02	外观（写文字）可以体现复古的（绘制草图）
00:04:46	（看设计任务）人机关系，肯定的方便开关（写文字），颜色，深沉些（写文字）

表 6-2　有经验被试者 A1 的部分实验数据（0～5min）

时　　间	实 验 数 据
0:00:15	设计任务是……（看设计任务）针对家用水龙头……进行复古造型设计
0:01:25	这个设计任务，（思考）我们首先分析设计对象，家用、复古、水龙头（写文字）
0:01:56	那么我们需要考虑这样一个水龙头的受众（写文字）和相应的装修风格
0:02:40	现在假设通过自己主观判断和之前的设计……（回顾以往设计案例、思考），对这个"复古"词汇的进行判断和分析，大概确定几个设计方向（写文字）

时　　间	实　验　数　据
0:03:11	"复古"形态的受众(写文字),他们的兴趣爱好、经济条件、环境(写文字)
0:03:48	家庭环境(回顾之前生活经验,绘制符号)
0:04:37	对之前说到的设计要素再进行更细致的分析(写文字)

3) 数据分段和编码

实验结束后,将参与实验的每一名被试者的录像和录音转化成转译报告。根据之前提到的数据分段依据,把被试的实验数据按照语句中断、语调变化、草图停顿等原则将转译报告划分成若干具备独立主旨的段。本次实验选定的编码方案为 Gabriela G[54] 提出的问题解决策略的 9 个步骤:①命题分析;②设计进程的总体规划;③收集资料;④与他人讨论;⑤思考解决问题的方案;⑥草图绘制;⑦分析可替代方案;⑧评估中期和最终方案;⑨方案陈述。对转译报告的数据进行解析,有利于挖掘到被试者在设计过程中策略选择的特征和规律。具体编码方案如表 6-3 所示,进而对表 6-1 和表 6-2 的数据进行编码,结果如表 6-4 所示。

表 6-3　面向设计过程的编码方案

解决问题的策略	编码	设计活动
命题分析	①	分析设计目标和切入点
设计进程的总体规划	②	确定设计步骤、方法、进程
收集资料	③	收集与命题相关的资料
与他人讨论	④	厘清设计的思路
思考解决问题的方案	⑤	确定设计的方向、切入点
草图绘制	⑥	给出不同形态的备选方案
分析可替代方案	⑦	寻找新的方案、切入点
评估中期和最终方案	⑧	确定设计方案的可行性和优劣度
方案陈述	⑨	对方案进行演示说明

表 6-4　被试者 B1 与 A1 的编码数据(0～5min)

时　　间	B1 的编码数据	时　　间	A1 的编码数据
0:00:40	①	0:00:15	①
0:01:25	②⑤	0:01:25	②
0:02:03	⑤	0:01:56	③⑤
0:02:23	⑤	0:02:40	⑤
0:02:58	⑤⑦	0:03:11	③⑤
0:03:28	①⑤	0:03:48	⑤⑥
0:04:02	⑥	0:04:37	⑤⑦
0:04:46	⑤⑦		

4) 设计思维过程分析

(1) 设计活动的阶段分析。对以上六名被试者口语分析报告中的数据进行分析,得到被试者的设计活动顺序,如表 6-5 所示,表明被试者参与的设计活动及其先后顺序。其中,A1、A2 为有经验的工业设计师,B1～B4 为高年级工业设计专业学生。

表 6-5　设计活动顺序表

活动编号	A1	A2	B1	B2	B3	B4
①	1	1	1	1	1	1
②	2	3	2	2	2	2
③	5	5	3	3	4	5
④	3	2	—	—	3	3
⑤	4	4	4	4	5	—
⑥	7	6	6	5	6	6
⑦	6	7	—	7	7	4
⑧	8	8	5	6	8	7
⑨	9	9	7	8	9	8

分析表 6-5,可知被试者在设计进程中采取的设计流程不尽相同,存在着共性的部分。六名被试者均参与了设计活动①、②、③、⑥、⑧、⑨,但其参与的先后顺序以及关注的侧重点不同。在设计方案完成后的访谈中,六名被试者均指出步骤①、⑥、⑧是设计进程中必不可少的三个部分。部分被试者指出步骤③也是至关重要的。通过实验过程中对被试者的观察,发现所有被试者均有意识或无意识地考虑到步骤②,其内嵌于整个设计进程中。步骤⑨方案陈述在本实验中暂不考虑。综上所述,应对步骤①、③、⑥、⑧进行重点解析,基于此构建产品意象形态创新设计辅助方法。

(2) 设计活动的时间分配。统计分析两组被试者在每个设计活动中的平均参与时间,如图 6-6 所示。A 组被试者在步骤④和步骤⑦方面比 B 组被试者花费更多的时间,而 B 组被试者则将较多的时间花费在步骤③和步骤⑥。结合口语分析报告的数据可以得到以下结论:步骤④和步骤⑦,A 组被试者注重顾客隐性需求的挖掘,并把设计任务总结为若干个关键意象;步骤③,B 组被试者在资料收集时更多地关注于同类型产品,难免会陷入固有产品形态而缺乏创新性,A 组被试者在收集资料时侧重其他相似的产品;步骤⑥,B 组被试者所绘制草图时思维跳跃较大,但条理性不强,A 组被试者在设计过程中能快速地产生大量草图方案。

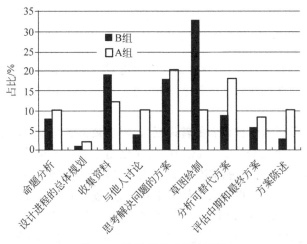

图 6-6　设计活动时间分配图

（3）关键设计活动的设计策略。选择六名被试者差异性较大的设计步骤③、④、⑥，对其进行设计活动策略的解析，结论如下：①与他人讨论。有经验的被试者注重顾客隐性需求的挖掘，并将设计任务归纳总结为若干个关键词；②收集资料。无经验的被试者在资料收集时更多地关注同类型的产品，这样难免会陷入固有产品形态而缺乏创新性，而有经验的被试者在收集资料时侧重于其他需求或功能相似产品的挖掘；③草图绘制。无经验的被试者的设计草图趋向于单一思路的发散，思维跳跃。而有经验的被试者在设计进程中能够快速地产生大量草图方案，并且设计思路存在水平和垂直的转换。

（4）设计反复。设计反复在设计活动中普遍存在，其包含从一般设计任务的反复到开导式推理过程的反复，它是设计进程中必不可缺的一部分。根据 Gabriela G 提出的问题解决策略的 9 个步骤对实验数据进行编码，分析其在设计过程中的设计反复如图 6-7 所示，分别为有经验的被试者和无经验的被试者在第 19～42min 时间段的设计反复次数（图中较小的圆圈中数字表示反复次数）。两组被试者在设计进程中都存在着反复行为，但有经验的被试者在设计进程中进行的反复多为系统、整体的反复，更多地关注于设计表达的整体性和设计活动的系统化，而无经验的被试者则更多地关注于局部的反复。例如，从草图绘制到收集资料，有经验的被试者的反复次数为 5 次，而无经验的被试者在此阶段的反复仅有 2 次；从评估中期和最终方案到收集资料过程，有经验的被试者的反复次数有 4 次，而无经验的被试者仅有 1 次；但无经验的被试者从草图绘制到思考问题的解决方案的过程进行了 3 次局部反复。

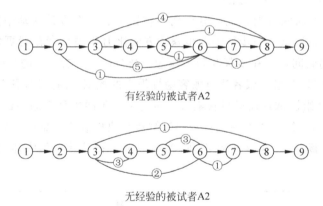

有经验的被试者A2

无经验的被试者A2

图 6-7   设计过程中设计反复（时间段为第 19～42min）

通过以上分析可知，系统性、整体性的反复更有利于理解和确定设计方向，能够获得较好的设计方案。因此，在构建辅助设计系统时，可以增加提示，以防设计师过多地进行局部重复。

综上，通过对比分析六名被试者的转译报告，发现被试者在设计过程中的行为和活动主要集中在三个方面，即命题分析、生成创意解、优化创意解。A 组被试者在命题分析时，充分发掘顾客隐性需求并进行关键词定位，资料收集时侧重于相似产品而不是同类产品，草图绘制时能快速产生大量方案，设计反复倾向于系统性、整体性的反复，而 B 组被试者在以上三个方面表现较差。因此，以 A 组被试者的思维流程为主，对设计思维进行模拟，其思维流程可以归纳为：命题分析—与他人讨论—思考解决问题的方案—收集资料—分析可替代方案—草图绘制—评估中期和最终方案。依据设计进程将其进一步归纳为 3 个模块,即命题分析(①、④)、生成创意解(③、⑤、⑦)、优化创意解(⑥、⑧)。

通过结合设计思维的特点,提出运用认知实验对有经验和无经验的两组被试者的设计思考过程进行研究,分析总结了设计师的设计思维特征:设计师在设计过程中应该从宏观系统层面入手考虑设计问题;命题分析时,充分发掘顾客隐性需求并进行关键词定位;资料收集时侧重于相似产品而不是同类产品;同时也应当注意及时审视和纠正设计策略和设计方向。

6.2 基于遗传算法的进化设计

遗传算法由美国密歇根大学的约翰·霍兰德(John Holland)教授于 1975 年提出,它是一种自适应优化算法,模拟自然界中的"适者生存,优胜劣汰"原则。遗传算法已经广泛应用于现代智能计算中的机器学习等领域。随着遗传算法在产品智能设计中广泛应用,可根据类型对进化设计分为基于元胞遗传算法的产品造型设计、基于单亲遗传算法的产品造型进化设计、基于蛛网结构的产品造型进化设计、基于交互式遗传算法的产品造型进化设计等。

6.2.1 基于元胞遗传算法的产品造型设计

1. 基本概念

元胞遗传算法(cellular genetic algorithm,CGA)[55]是元胞自动机与遗传算法相结合的一种进化计算方法,通过在遗传算法中引入元胞自动机,利用元胞自动机的演化规则替代遗传算法中传统的交叉机制。元胞自动机由元胞、元胞空间、邻居和演化规则四个最基础的部分组成:

$$A = (L_d, S, N, f) \tag{6-1}$$

其中,A 表示元胞自动机;L_d 表示元胞空间,d 表示元胞空间的维数;S 表示元胞状态的集合;N 表示元胞的邻居结构;f 表示元胞中心及其邻居状态的局部转换函数。

元胞遗传算法继承了遗传算法广泛的适应性、并行性和扩展性等优点,不仅在一定程度上改进了其他传统优化方法效率低和容易出现过早收敛的缺点,而且加强了其解决各类优化问题的能力,被认为是当前解决一系列复杂问题的有效方法。

元胞遗传算法以中心元胞为基点,展开较为快速的全局寻优,能够较好地模拟产品创新设计中的初始设计思维。算法执行过程是将进化个体映射到拓扑结构中,个体间的遗传操作限制在其相应邻域内,依据一定的更新策略,通过局部个体间的相互作用实现全局最优解的搜索,既能保持种群多样性,又具有较好的空间搜索能力。而基于元胞遗传算法的产品造型设计流程如图 6-8 所示。

(1)初始化。首先,对设计对象进行二进制编码,包括以定性方式描述的造型元素 C 和以定量方式描述的节点参数 D,形成元胞空间 L_d。其次,设定元胞遗传算法的相关参数,如表 6-6 所示。在实际应用中,根据产品造型参数和邻居结构等设定种群大小;依据用户和产品造型创新设计需求设定选择算子、交叉算子、变异算子、交叉概率、变异概率、替换策略、元胞遗传代数和终止条件等。

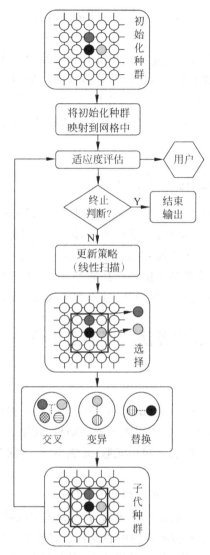

图 6-8　基于元胞遗传算法的产品造型创新初始设计流程

表 6-6　元胞遗传算法的参数

参 数 因 子	物 理 描 述
种群大小	$n×n$ 个四方网格（田）
邻居结构	摩尔(Moore)型
更新策略	线性扫描
选择算子	选择该元胞个体相邻位置中的 2 个
交叉算子	单点交叉
交叉概率	P_c
变异算子	非均匀变异
变异概率	P_m
替换策略	如果子代比父代好,则替换
元胞遗传代数	$≤500$
终止条件	用户交互体验

将初始化种群映射到网格中,对每一个元胞适应度进行评估后,进行元胞遗传操作,实现种群的优化。

(2) Moore 型邻居结构。以中心元胞的东、南、西、北、东南、东北、西南、西北的八个元胞为该元胞的邻居。邻居半径为 1,定义为:

$$N_{\text{Moore}} = \{\mid \boldsymbol{\nu}_i = (\nu_{ix}, \nu_{iy}) \mid \mid \nu_{ix} - \nu_{ox} \mid \leqslant 1, \mid \nu_{iy} - \nu_{oy} \mid \leqslant 1, (\nu_{ix}, \nu_{iy}) \in \mathbf{Z}^2\} \quad (6\text{-}2)$$

其中,ν_{ox} 表示中心元胞的行列坐标值;(ν_{ix}, ν_{iy}) 表示邻居元胞的行列坐标值;$\mathbf{Z}$ 表示正整数集。当四方网格的维数为 d 时,中心元胞的邻居个数为 $3^d - 1$。

(3) 更新策略。采用线性扫描的方式,以中心元胞及其邻居为单位进行元胞操作。

(4) 选择操作。选择操作是体现"适者生存"的关键一环,在 Moore 型邻居结构的网格中,通过适应度评估来选择中心元胞的两个相邻的邻居,遗传到下一代元胞中。

(5) 交叉操作。以交叉概率 P_c 对中心元胞的两个邻居执行交叉操作,以产生新的造型元胞。对于第 t 次遗传操作产生的两个产品造型基因 l_{j-1}^t 和 l_j^t,交叉操作过程如下:依据交叉概率产生随机数 g 作为交叉点,将两个产品造型基因 l_{j-1}^t 和 l_j^t 分为前后两个部分;将 l_{j-1}^t 的前半部分和 l_j^t 的后半部分重组,l_j^t 的前半部分和 l_{j-1}^t 的后半部分重组,产生新的产品造型元素基因 l_{j-1}^{t+1} 和 l_j^{t+1}。交叉操作定义为

$$\left. \begin{array}{l} e_{j-1}^{t+1} = \displaystyle\prod_{\{u_1, u_2, \cdots, u_{g-1}\}} (e_{j-1}^t) \times \prod_{\{u_g, u_{g+1}, \cdots, u_n\}} (e_j^t) \\ e_j^{t+1} = \displaystyle\prod_{\{u_1, u_2, \cdots, u_{g-1}\}} (e_j^t) \times \prod_{\{u_g, u_{g+1}, \cdots, u_n\}} (e_{j-1}^t) \end{array} \right\} \quad (6\text{-}3)$$

其中,e_j^t 为造型基因 l_j^t 在广义笛卡儿积运算关系 R 中的对应元组;u_g 为基因单元,交叉点位于 u_{g-1} 与 u_g 之间。

(6) 变异操作。指亲代的遗传基因发生改变,形成子代,过程如下:依据变异概率 P_m 产生随机数 h 作为变异点,h 点的值由 1 变为 0,或者由 0 变为 1,产生新的产品造型元素基因 l_j^{t+1}。变异操作定义为

$$e_j^{t+1} = \prod_{\{u_1, u_2, \cdots, u_{h-1}\}} (e_j) \times q_j(u_h) \times \prod_{\{u_{h+1}, u_{h+2}, \cdots, u_n\}} (e_j) \quad (6\text{-}4)$$

其中,$q_j(u_h)$ 为变异后的等位基因单元对应的属性值。

(7) 替换操作。如果新产生的产品造型优于原有造型,则以新的产品造型基因替换中心元胞的基因;否则,保持原有中心元胞基因不变。替换操作定义为

$$\begin{cases} l_{\text{vox}} = l_{\text{vox}}^{t+1}, & l_{\text{vox}}^{t+1} \text{ 对应的产品造型优于原有造型} \\ l_{\text{vox}} = l_{\text{vox}}, & l_{\text{vox}}^{t+1} \text{ 对应的产品造型劣于原有造型} \end{cases} \quad (6\text{-}5)$$

其中,vox 表示中心元胞的行列坐标值。

(8) 结果输出。解码并展示新的产品造型,若有满意的方案,则选择其为详细设计的初始化个体;否则,循环上述操作,直至得到满意的概念设计方案。

2. 案例分析

本案例选择卡通表情造型设计进行研究,运用元胞遗传算法建立人机交互的产品造型创新初始设计系统。

(1) 初始化。通过多种途径搜集表情图片 50 幅,经过语义差分法问卷调查和聚类分析

确定 16 个参考性表情样本,如图 6-9 所示。运用形态分析法,得到其关键特征为脸型、眼睛与嘴巴,如图 6-10 所示。

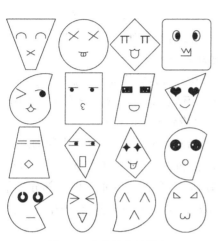

图 6-9　参考性表情样本

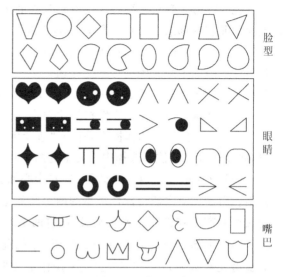

图 6-10　造型元素

在本案例中,经重新设计,选择如图 6-11 所示的 4 个为代表性样本进行产品创新设计。

(2) 量化造型元素。以如图 6-12 所示的代表性样本为例予以说明。设定 x_1 表示正方形的边长; c 表示圆角的半径; k_1 表示左右位置变化,即点 5 到中心轴的距离; k_2 表示上下位置变化,即点 5 与点 8 的相对位置变化; d 表示最低点到底边的距离,即点 9 到点 1 所在直线的距离; b 表示最高点到顶边的距离,即点 6 到点 4 所在直线的距离。

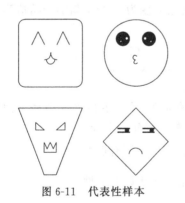

图 6-11　代表性样本

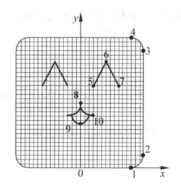

图 6-12　代表性表情样本的关键控制点

则控制点 1 的坐标为 $(0.5x_1-c+0.5k_1,0)$,点 2 的坐标为 $(0.5x_1+0.5k_1,c)$,点 3 的坐标为 $(0.5x_1+0.5k_1,x_1-c+0.5b)$,点 4 的坐标为 $(0.5x_1-c+0.5k_1,x_1+0.5b)$,点 5 的坐标为 $(0.005k_1x_1,0.01k_2x_1)$,点 6 的坐标为 $(0.2x_1,x_1-b)$,点 7 的坐标为 $(0.4x_1-0.005k_1x_1,0.01k_2x_1)$,点 8 的坐标为 $(0,d+0.014k_1x_1)$,点 9 的坐标为 $(0,d)$,点 10 的坐标为 $(0.01k_1x_1,d+0.004k_1x_1)$,所以 6 个参数就可确定 10 个控制点的坐标。并为其设定了取值范围, x_1 取值范围为 $[80,120]$, c 取值范围为 $[8,50]$, k_1 取值范围为 $[10,30]$, k_2 取值范围为 $[50,65]$, d 取值范围为 $[5,36]$, b 取值范围为 $[8,49]$。

（3）建立基于元胞遗传算法的卡通表情造型初始设计系统。首先将关键控制点的参数变化范围离散化处理并进行二进制编码：

① 把 x_1 的取值范围 $[80,120]$ 均匀离散成 41 个点，并进行二进制编码（1010000，1010001，…，1101110）；

② 把 c 的取值范围 $[8,50]$ 均匀离散成 43 个点，并进行二进制编码（0001000，0001001，…，0110010）；

③ 把 k_1 的取值范围 $[10,30]$ 均匀离散成 21 个点，并进行二进制编码（0001010，0001011，…，0011110）；

④ 把 k_2 的取值范围 $[50,65]$ 均匀离散成 16 个点，并进行二进制编码（0110010，0110011，…，1000001）；

⑤ 把 d 的取值范围 $[5,36]$ 均匀离散成 32 个点，并进行二进制编码（0000101，0000110，…，0100100）；

⑥ 把 b 的取值范围 $[8,49]$ 均匀离散成 42 个点，并进行二进制编码（0001000，0001001，…，0110001）。

其次，对系统初始参数设置。设定产品造成创新初始设计系统的相关参数，包括种群大小、邻居结构、更新策略、选择算子、交叉算子和变异算子及交叉概率、变异概率、替换策略、元胞遗传代数等。在研究过程中，依据前文初始种群数目设定为 4 个，其关键控制点的形态数据及相应编码如表 6-7 所示，初始方案的二进制编码如图 6-13 所示。元胞遗传代数、交叉和变异概率根据设计需求而设定，适当地增大变异概率可促进方案的多样性，并且设计师和用户可通过人机交互界面随时调节相关参数。

表 6-7 关键控制点的形态数据及相应编码

个体		c	k_1	b	k_2	d	x_1
个体 1	坐标值	10	10	23	60	35	100
	编码	1010	1010	10111	111100	100011	1100100
个体 2	坐标值	50	20	30	60	26	100
	编码	110010	10100	11110	111100	11010	1100100
个体 3	坐标值	40	20	25	65	35	100
	编码	101000	10100	11001	1000001	100011	1100100
个体 4	坐标值	10	20	23	60	35	100
	编码	1010	10100	10111	111100	100011	1100100

最后，进行卡通表情造型形态初始演化。运用 MATLAB 开发进化设计系统，操作界面如图 6-14 所示。初始设计系统分为初始形态元素、表情造型和参数设定三个板块。表情造型初始设计系统板块在初次运行前是空白，第一次数据输入后即可加载初始形态元素。参数设定板块可设定初始设计系统中相关参数。考虑元胞遗传算法的特性和表情造型实际进化过程，设定交叉概率的取值范围为 0.7～0.99，变异概率的取值范围为 0.01～0.3，最大代数的取值范围为 10～100，每页产品的输出个数范围为 1～48。

理论上，系统的前期运行为追求设计方案的多样性会采用较大的交叉概率和变异概率。随着全局搜索的进行，设计方案越来越靠近预定值，则通过增大交叉概率和减小变异概率使优良设计方案得以保留。在产品信息进入之后，设计师通过操作界面的"参数

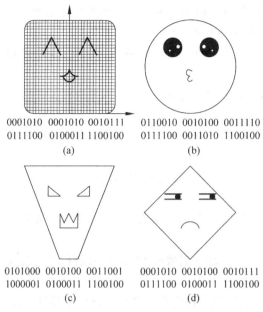

图 6-13　初始方案的二进制编码

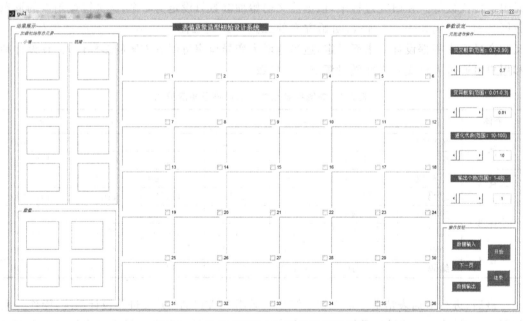

图 6-14　卡通表情造型初始设计系统界面

设定"对话框根据设计需求定义交叉概率、变异概率、进化代数和输出个数,元胞遗传操作对话框如图 6-15 所示。卡通表情造型初始设计系统的操作按钮包括数据输入、开始、下一页、数据输出和结束按钮,操作按钮对话框如图 6-16 所示。单击数据输入按钮,卡通表情造型初始设计系统的设计元素对话框会依次显示脸型、小嘴、眼睛形态,初始形态元素对话框如图 6-17 所示。

　　基于元胞遗传算法的卡通表情造型初始设计系统如图 6-18 所示,具体操作过程如下:

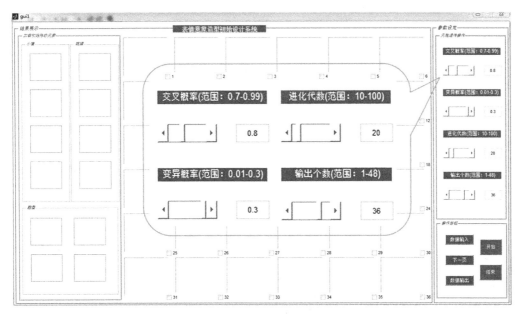

图 6-15 初始设计系统中的元胞遗传操作对话框

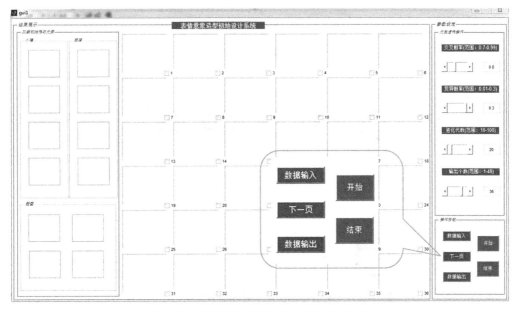

图 6-16 初始设计系统中的操作按钮对话框

第一步,单击"数据输入"按钮,调入量化的 4 款代表性样本作为初始种群;第二步,通过移动滑动条设置参数,如交叉概率为 0.8,变异概率为 0.3,进化代数为 20,输出个数为 36;第三步,单击"开始"按钮,进行元胞操作,将初始化种群映射到规则的四方网格中,基于四方网格定义元胞的邻居,并规定每个元胞仅能与其邻居相互作用,依据更新策略扫描网格中的元胞,使其进行遗传操作,得到子代元胞,用子代元胞替换中心元胞;第四步,从呈现的结果中用户选择满意的设计方案,若无,则单击"下一页"按钮,若依旧没有满意的设计方案,则重新单击"开始"按钮,若有满意的方案,单击数据输出按钮,输出设计结果。

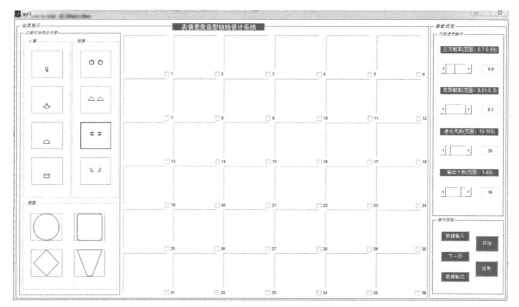

图 6-17　初始形态元素对话框

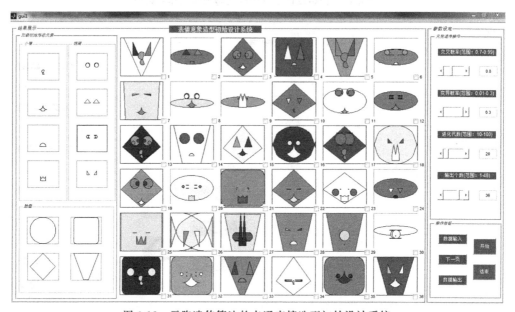

图 6-18　元胞遗传算法的卡通表情造型初始设计系统

基于图 6-18 运行的结果可知,设计方案的多样性在运行过程中已得到满足,为使好的设计方案得以保留应重新设置参数,并逐步增大交叉概率和减小变异概率,因此可以在此理论上通过移动滑动条设置参数,如交叉概率增大为 0.88,变异概率减小为 0.25,进化代数为 45,输出个数为 36,则进化代数为 45 的卡通表情关于"喜欢度"意象的造型初始进化部分结果如图 6-19 所示。为使方案更加优良,重新设置参数,包括交叉概率、变异概率和进化代数,并通过移动滑动条,再次增大交叉概率和减小变异概率,如交叉概率增大为 0.95,变异概率减小为 0.19,进化代数为 80,输出个数为 36,则进化代数为 80 的卡通表情关于"喜欢度"意象的造型初始进化部分结果如图 6-20 所示。

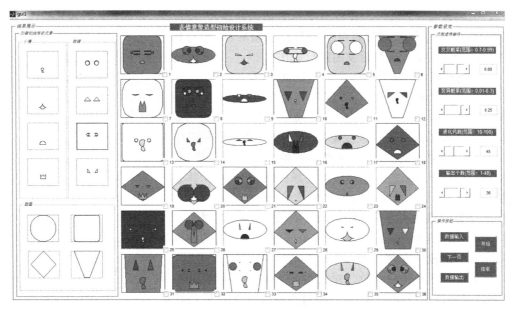

图 6-19　进化代数为 45 的卡通表情初始演化部分结果

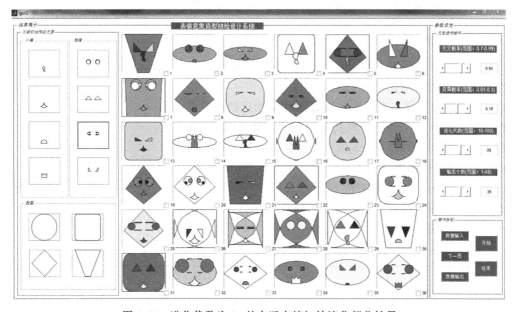

图 6-20　进化代数为 80 的卡通表情初始演化部分结果

6.2.2　基于单亲遗传算法的产品造型进化设计

1. 基本概念

单亲遗传算法属于遗传算法中的一种。单亲遗传算法是取消了遗传算法中的交叉操作，并且首次遗传操作在一个个体上进行，只通过变异而繁殖后代。与标准遗传算法相比，初始种群只有一个样本。其基本流程如图 6-21 所示。

（1）单亲变异。将一个设计方案作为初始样本，并将设计参数编码为染色体，可先通过变异操作获得新种群，再与初始化个体结合作为父代进行后续的遗传操作。

（2）遗传机制。遗传操作主要包括选择、交叉、变异。选择操作可模拟生物的有性繁殖；交叉操作是指两个染色体依照某种交叉方式互换部分基因片段；变异操作是指按照一定的概率选取染色体及基因片段并改变基因点位的值。根据种群中每个个体的适应度评估值，从中选择优秀的个体作为父代，使得优秀的设计方案因适应度值高而被选择；对种群内的个体进行随机配对，依据交叉概率进行交叉操作，通过互换两个设计方案的某些设计概念来寻求优秀方案；依据变异概率，对交叉操作所得子代种群进行变异操作，通过改变设计方案的某些概念来寻求优秀的设计方案。

（3）用户交互体验评价。对造型元素和节点参数进行解码，并可视化产品造型方案，用户通过人机交互界面依据其需求选择优秀的设计方案，再次进行遗传操作。如此循环往复，直至获得令用户满意的设计方案，则终止循环并输出结果。

2. 案例分析

本案例为卡通表情造型设计，基于标准遗传算法建立人机交互产品造型创新细化设计系统。

（1）系统初始样本选择和参数设置。从用户初始设计系统的结果中选择出一个最能体现其需求的造型作为父代，且关键控制点的二进制编码如表6-8所示。设定产品造型创新细化设计的相关参数，包括选择交叉和变异算子及概率、替换策略、遗传代数等。在细化设计过程中，设计师和用户可通过人机交互界面随时调节相关参数，同时适当地减小变异概率、增大交叉概率可促进优化方案的产生。

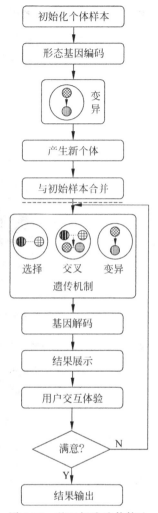

图 6-21 基于标准遗传算法的产品造型创新细化设计流程

表 6-8 细化设计中初始样本的形态数据及相应编码

		c	k_1	b	k_2	d	x_1
初始设计结果	坐标值	40	12	15	70	21	116
	编码	0101000	0001100	0001111	1000110	0010101	1110100

（2）卡通表情造型形态细化演化。基于标准遗传算法构建卡通表情造型细化设计模型，并运用 MATLAB 开发进化设计系统，其操作界面如图 6-22 所示。细化设计系统分为表情造型和参数设定两个板块。表情造型细化设计系统板块在初次运行前是空白，需将初始设计系统进化结果的数据载入细化设计系统。参数设定板块可设定细化设计系统中的相关参数。考虑标准遗传算法的特性和表情造型实际进化过程，设定交叉概率的取值范围为 0.7～0.99，变异概率的取值范围为 0.01～0.3，最大代数的取值范围为 10～100，每页产品的输出个数范围为 1～24。

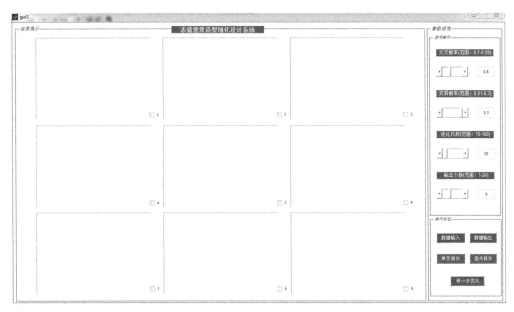

图 6-22　卡通表情造型细化设计系统

在产品信息进入之后，设计师通过操作界面的"参数设定"对话框根据设计需求定义交叉概率、变异概率、进化代数和输出个数，遗传操作对话框如图 6-23 所示。理论上系统应通过减小交叉概率和变异概率使优良设计方案得以保留。卡通表情造型细化设计系统的操作按钮包括数据输入、开始、单亲操作、遗传操作，操作按钮对话框如图 6-24 所示。

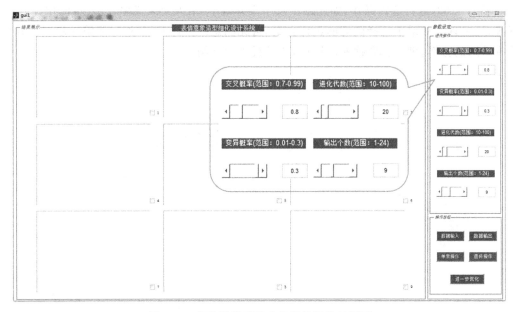

图 6-23　细化设计系统中的遗传操作对话框

运用 MATLAB 开发进化设计系统建立基于标准遗传算法的卡通表情造型细化设计系统。从初始设计的结果中选择出一个最能体现其要求的样本作为父代，进入如图 6-25 所示的细化设计系统。操作过程如下：第一步，单击"数据输入"按钮，调入初始设计结果；第二

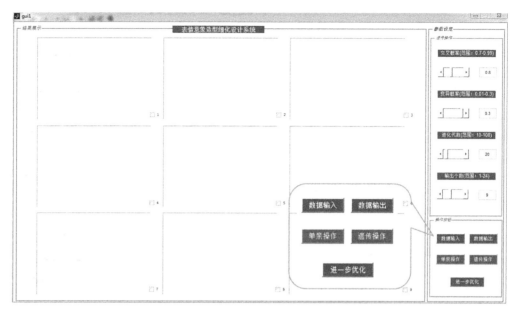

图 6-24　细化设计系统中的操作按钮对话框

步,设定变异概率为 0.3,进化代数为 20,输出个数为 9,单击"单亲操作"按钮,进行单亲遗传操作产生新个体,再与初始化个体合并作为父代进行后续的遗传操作;第三步,设定变异概率为 0.3,交叉概率为 0.8,进化代数为 20,输出个数为 9,单击遗传操作按钮,进行遗传操作产生子代种群;第四步,选择较满意的四个子代作为父代,重新设定变异概率为 0.27,交叉概率为 0.83,进行遗传操作,如此逐步减小变异概率,增大交叉概率,进一步优化种群;第五步,从呈现的结果中选择满意的设计方案,若无满意的设计方案,返回至第一步重新开始,若有满意的方案,则单击数据输出按钮,获得最终设计结果。

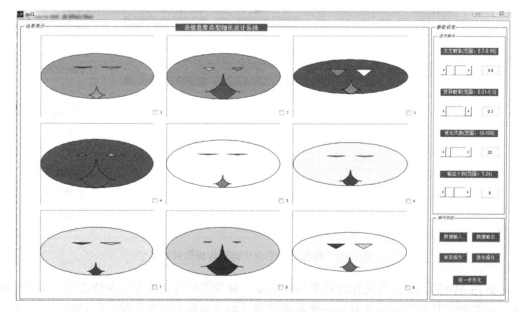

图 6-25　基于标准遗传算法的卡通表情造型细化设计系统

　　基于图 6-25 的运行结果可知,优良设计方案在运行过程中已得到满足,为使优良设计方案更加优良应重新设置参数,并逐步增大交叉概率和减小变异概率,且在此理论上通过移动滑动条设置参数,如交叉概率增大为 0.96,变异概率减小为 0.15,进化代数为 40,输出个数为 9。进化代数为 40 的卡通表情关于"喜欢度"意象的造型细化设计部分结果如图 6-26 所示。

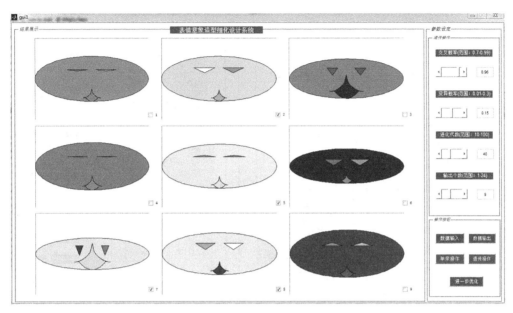

图 6-26　进化代数为 40 的卡通表情细化演化部分结果

　　不同类型的卡通表情对应着不同的用户需求,如果用户需求发生变化,从初始设计系统的结果中选择出一个造型作为父代也要相应地发生变化,针对用户需求的卡通表情细化演化部分结果如图 6-27 所示。设定产品造型创新细化设计的相关参数,包括选择交叉和变异

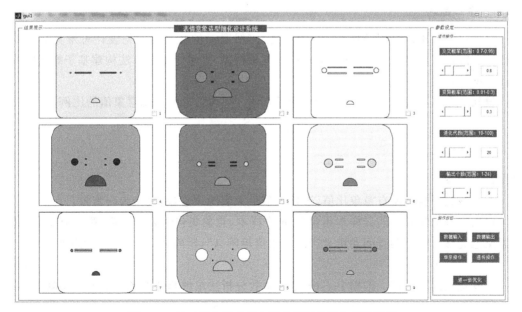

图 6-27　针对用户需求的卡通表情细化演化部分结果

算子及概率、替换策略、遗传代数等。为使方案更加优良，在细化设计过程中设计师和用户可通过人机交互界面随时调节相关参数，同时适当地减小变异概率、增大交叉概率可促进优化方案的产生，如交叉概率增大为 0.86，变异概率为减小为 0.24，进化代数为 80，输出个数为 9。进化代数为 80 的卡通表情"喜欢度"意象的造型细化设计的部分结果如图 6-28 所示。

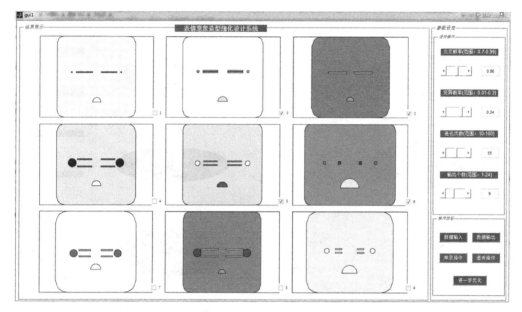

图 6-28   进化代数为 80 的卡通表情细化设计的部分结果

6.2.3   基于蛛网结构的产品造型进化设计

1. 基本概念

由于自然界中的蛛网结构及其一点受力、多线联动的受力特点与设计思维具有一定的相似性。因此以蛛网结构为基础，构建产品意象模型，并结合遗传算法构建基于蛛网结构的产品造型进化设计。

设某产品共有 n 个意象，第 j 个意象值为 S_j，则该意象值占总意象值的比例值 A_j 为：

$$A_j = \frac{S_j}{\sum\limits_{b=1}^{n} S_b} \tag{6-6}$$

其中，$1 \leqslant b \leqslant n$。

通过该式可得到所有意象比值，选择数值最大者为主意象，其余为副意象。

构建意象值矩阵。假设样本集包含 m 个样本，意象集包含 n 个意象，第 i 个样本的第 j 个意象值为 S_{ij}，根据调查问卷定义产品意象值矩阵 A^S，矩阵 A^S 为 $m \times n$ 阶矩阵。

$$A^S = [S_{ij}] \tag{6-7}$$

求解意象词相关度。根据 Person 相关系数分析法求解相邻意象词汇的相关度 P：

$$
\left.
\begin{aligned}
P &= \frac{\sum_{c=1}^{m}(U_c - \overline{U})(V_c - \overline{V})}{\sqrt{\sum_{c=1}^{m}(U_c - \overline{U})^2 \sum_{c=1}^{m}(V_c - \overline{V})^2}} \\
U &= [U_1, U_2, \cdots, U_m]^{\mathrm{T}} \\
V &= [V_1, V_2, \cdots, V_m]^{\mathrm{T}}
\end{aligned}
\right\}
\tag{6-8}
$$

其中，$1 \leqslant c \leqslant m$；$U$、$V$ 分别为意象值矩阵 A^S 中某一列数据，即某一意象的意象值矩阵；$\overline{U}$、$\overline{V}$ 分别为 U、V 中意象值均值。

构建产品意象蛛网模型。首先任选某意象词汇 W 为定位词汇，根据公式(6-8)分别计算该词汇与其他意象词汇的相关度，得到相关度矩阵 A^O：

$$
A^O = [O_1, O_2, \cdots, O_g, \cdots, O_{n-1}]
\tag{6-9}
$$

其中，$1 \leqslant g \leqslant n-1$，$O_g$ 为定位词汇与其他意象词汇的相关度。

按照相关度由小到大顺时针排列其他意象词，放射丝排列示意图，如图 6-29 所示。为使进化过程更清晰明了，定义与主意象放射丝夹角最小的两条放射丝所代表的意象为副意象，例如，当某产品主意象为意象词 2 时，其副意象分别为意象词 1 和意象词 3；并规定意象词 1 与其相关度最小的意象词 n 不互为副意象。

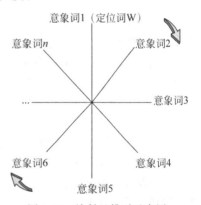

图 6-29　放射丝排列示意图

接下来根据公式(6-7)和图 6-29 中意象词排列顺序按顺时针方向依次计算所有相邻意象词之间的相关度，得到矩阵 A^P 为

$$
A^P = [P_1, P_2, \cdots, P_k, \cdots, P_n]
\tag{6-10}
$$

其中，$1 \leqslant k \leqslant n$，$P_k$ 为相邻意象词汇之间的相关度。

由相关度矩阵 A^P 得到角度权重矩阵 A^F：

$$
A^F = [F_1, F_2, \cdots, F_k, \cdots, F_n]
\tag{6-11}
$$

其中，角度权重 F_k 为

$$
F_k = \frac{P_k}{\min A^P}
\tag{6-12}
$$

最后根据角度权重矩阵 A^F 求解相邻意象词汇之间的夹角 α_k：

$$
\alpha_k = \frac{360}{F_k \sum_{b=1}^{n} \dfrac{1}{F_b}}
\tag{6-13}
$$

其中，$1 \leqslant b \leqslant n$。

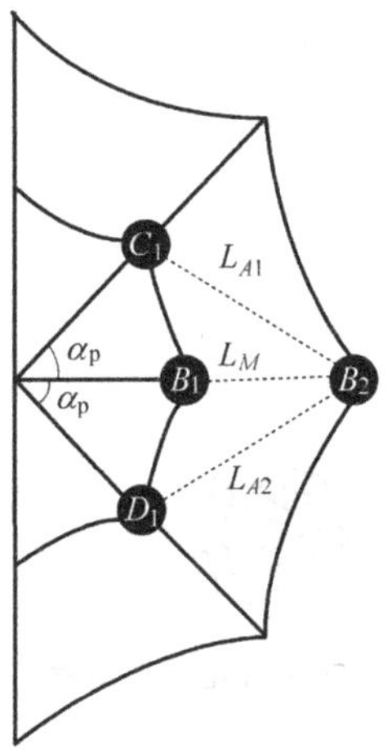

直系、旁系父代的影响权重 Q_M、Q_A 分别为

$$
Q_M = \frac{\beta}{L_M}
\tag{6-14}
$$

$$
Q_A = \frac{\beta R}{L_A}
\tag{6-15}
$$

图 6-30　直系、旁系父代影响距离

其中，Q_M 为直系父代产品对新产品的影响权重；Q_A 为旁系父代

产品对新产品的影响权重；β 为常数。

直系、旁系父代影响距离如图 6-30 所示。设直系父代对下一代影响距离为 L，则直系父代 B_1 对下一代新产品 B_2 的影响距离 L_M 为

$$L_M = L \tag{6-16}$$

旁系父代 C_1、D_1 对产品 B_2 的影响距离分别为 L_{A1}、L_{A2}。根据余弦定理，得到旁系父代对下一代的影响距离 L_A 为

$$L_A = L\sqrt{2t^2 - (2t^2 - 2t)\cos\alpha_p - 2t + 1} \tag{6-17}$$

其中，p 为放射丝的序号；t 为产品代数；α_p 为旁系父代所在放射丝与直系父代所在放射丝的夹角。

为延续产品风格，直系父代产品对子代的影响应大于旁系父代产品对子代的影响。在算法运行过程中，新产品的放射丝和捕丝的受力比由同一意象的上一代产品来预判，根据式(6-6)分别计算蛛网主意象、副意象占总意象值的比值 A_M、A_A，则该产品所在的放射丝与相邻捕丝的受力比，即主副意象影响比 R 为

$$R = \frac{A_M}{A_A} \tag{6-18}$$

依据上述分析构建蛛网进化算法，算法流程如图 6-31 所示，具体步骤如下。

(1) 设计前期，通过各种渠道收集大量产品样本，筛选后构成产品样本库。

(2) 从产品样本库中选取某产品放入蛛网中心作为一代产品种群 Z_1，以该产品为父代样本进行遗传进化，形成二代种群，并通过适应度函数评价得到二代种群中各产品的意象值。其中，种群 Z_1 包含 1 个个体，从第二代开始种群 Z_t 包括 $a \times n$ 个个体。

$$Z_t = \begin{cases} [Z_{11}], & \text{当 } t = 1 \text{ 时} \\ [Z_{t1}, Z_{t2}, \cdots, Z_{tu}, \cdots, Z_{tn}], & \text{当 } t > 1 \text{ 时} \end{cases} \tag{6-19}$$

其中，$Z_{tu} = [Z_{tu}^1, Z_{tu}^2, \cdots, Z_{tu}^a]$，$u$ 为意象序号，$u \in [1, n]$，t 为产品代数；a 为根据实际情况确定的每个交点上的产品个数；Z_{tua} 表示序号为 u 的主意象下第 t 代产品中的第 a 个产品。

(3) 根据主意象相符原则，在新种群中选取主意象与蛛丝所代表意象相符的产品，放入由内向外第二圈捕丝与放射丝的交点。

(4) 根据主意象产品对下代产品的影响距离 L_M 和副意象产品对下代产品的影响距离

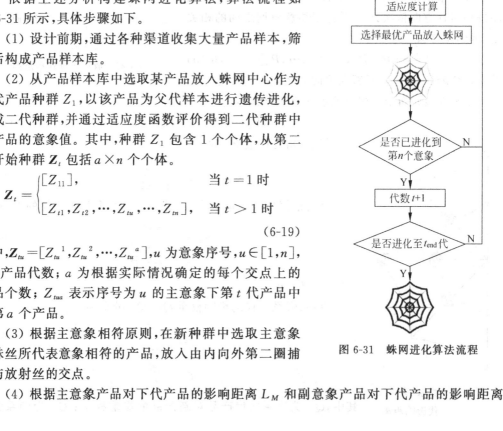

图 6-31　蛛网进化算法流程

L_A,计算主副意象比 R,由此得到不同父代对子代的影响权重比。

（5）自第三代开始,从上代种群中选取直系父代和旁系父代进行遗传进化,形成新种群,并根据适应度函数挑选产品放到相符的放射丝上。

（6）判断 t 代所有意象下的产品是否进化完成,"是"则进入步骤(7),"否"则返回步骤(4)。

（7）判断程序是否进化至第 t_{end} 代,进化代数 t_{end} 根据实际情况确定。已进化到第 t_{end} 代则结束进化,形成完整产品意象蛛网,否则代数 t 加 1 并返回步骤(4)。

2. 案例分析

本案例以瓷瓶为例进行探究。通过网络、杂志等渠道选取 60 个瓶型作为初选样本,以供提取轮廓线。并通过专家分析法筛选出 5 个差异性较大的代表性感性词汇,分别是现代、精致、个性、简洁和大气。

通过 SD 调查法获得调查结果,将结果通过数据统计构成瓷瓶意象矩阵 $\boldsymbol{A}^S$,其中意象值数据均为所有问卷中该项目的平均值,$\boldsymbol{A}^S$ 为

$$\boldsymbol{A}^S = \begin{bmatrix} 2.1667 & 3.1667 & 2.0000 & 2.8333 & 3.0000 \\ 2.8333 & 3.6667 & 3.1667 & 3.0000 & 3.0000 \\ 2.5000 & 3.0000 & 2.8333 & 3.3333 & 2.6667 \\ 2.8333 & 3.5000 & 2.8333 & 2.8333 & 2.8333 \\ 2.8333 & 2.8333 & 2.6667 & 2.8333 & 2.1667 \\ 2.1667 & 2.1667 & 3.1667 & 2.3330 & 3.0000 \\ 3.3333 & 2.8333 & 3.3333 & 3.6667 & 3.3333 \\ \vdots & \vdots & \vdots & \vdots & \vdots \\ 2.5000 & 2.1667 & 3.1667 & 2.1667 & 2.3333 \end{bmatrix}$$

选择"精致"为定位词,首先根据公式(6-7)计算定位意象词与其他意象词汇的相关度,如表 6-9 所示,构建矩阵 $\boldsymbol{A}^O$。

表 6-9　意象词相关度

意象词	现代-精致	个性-精致	简洁-精致	大气-精致
相关度	0.374	0.417	0.309	0.173

根据表 6-9 中的意象词相关度首先将定位词"精致"放在蛛网正上方中线位置,其他意象词汇按照相关度大小顺时针依次排列,完成后的蛛网意象词排序如图 6-32 所示。

根据图 6-32 中意象词排序,在 $\boldsymbol{A}^O$ 找到对应意象词的意象数据列,以精致-个性为例:

$$\boldsymbol{U} = [3.1667, 3.6667, 3.0000, \cdots, 2.1667]^T$$
$$\boldsymbol{V} = [2.0000, 3.1667, 2.1667, \cdots, 3.1667]^T$$

其中,矩阵 $\boldsymbol{U}$ 为精致意象数据,$\boldsymbol{V}$ 为个性意象数据。

由公式(6-7)进行相关度计算,得到精致和个性相关度为 0.417,由此依次计算相邻意象相关度矩阵 $\boldsymbol{A}^O$,相邻意象相关度如表 6-10 所示。

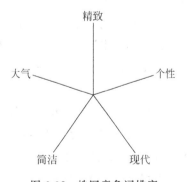

图 6-32　蛛网意象词排序

表 6-10　相邻意象相关度

相邻意象	精致-个性	个性-现代	现代-简洁	简洁-大气
相关度	0.417	0.241	0.448	0.213

由公式(6-12)和表 6-9 中的数据求解角度权重 F_k，得到意象矩阵 $\boldsymbol{A}^O$，蛛网结构的经线间夹角角度权重如表 6-11 所示。

表 6-11　蛛网结构的放射丝夹角角度权重

夹角权重	精致-个性	个性-现代	现代-简洁	简洁-大气
权重值	2.410	1.393	2.590	1.231

由公式(6-13)求解放射丝角度蛛网结构的经线间夹角 $\alpha_1 \sim \alpha_5$，蛛网结构的放射丝之间角度值如表 6-12 所示。

表 6-12　蛛网结构的放射丝角度值

夹角	α_1	α_2	α_3	α_4	α_5
角度值	44.8°	77.5°	41.7°	87.7°	108.0°

由此已知所有意象词在蛛网中的位置以及两经线间的夹角，可以确定唯一的意象系列产品的蛛网模型，该模型建立在瓷瓶产品品类的调研数据的基础上，因此仅适用于瓷瓶产品的多意象复合，如图 6-33 所示。

瓷瓶侧轮廓线多以柔和的曲线构成，结构包括口、颈、肩、胸、腹和足 6 个部分。根据数据处理需要，为瓷瓶侧轮廓线设置 10 个关键点，瓷瓶侧轮廓划分如图 6-34 所示。

根据蛛网进化算法，建立基于蛛网结构的产品智能进化系统。用户选择样本库中的产品作为一代样本放入蛛网中心，结合图 6-33 的产品意象蛛网模型，进行 4 代蛛网进化得到产品意象蛛网。

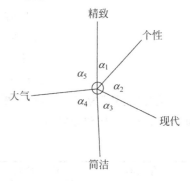

图 6-33　产品意象蛛网模型

在样本库中选择天球瓶作为初代样本放入蛛网中心。

如图 6-35 所示，以第三代 B_2 组的产品为例，B_1 为产品 B_2 直系父代，C_1、D_1 为旁系父代。

根据公式(6-16)可知，B_2 与其直系父代的影响距离 $L_M = L$。

由公式(6-17)和表 6-12 可得旁系父代对下一代的影响距离，旁系父代 C_1 对产品 B_2 影响距离约为 $1.4L$，旁系父代 D_1 对产品 B_2 影响距离约为 $2.2L$。

根据公式(6-18)可知产品 B_2 与产品 C_2 主副意象影响比 R 为 0.71，产品 B_2 与产品 D_1 主副意象影响比 R 为 0.45。最后根据公式(6-14)、公式(6-15)分别计算父代对子代的影响权重，从而使该智能系统进化得到大量新的产品形态。

图 6-34　瓷瓶侧轮廓划分

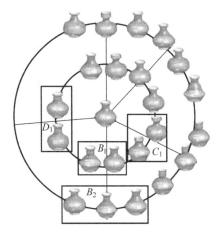

图 6-35　父代样本选择

6.2.4　基于交互式遗传算法的产品造型进化设计

1. 基本概念

交互式单亲遗传算法(interactive partheno genetic algorithm,IPGA)是一种通过单个个体繁殖后代,在进化过程中以人的主观评价作为个体适应度值的进化优化算法。操作过程中,主要依据人的主观评价给进化个体赋适应度值。本节中,人机交互过程不仅需要对个体的适应度进行赋值,还需要设计师对进化过程进行干预,其流程如图 6-36 所示。与传统遗传算法相比,主要区别如虚线框内所示,即初始种群只有一个样本;且进化过程中引入人工干预,对优良个体进行选择。

1) 初始样本染色体

遗传算法中,决策变量 X 构成了问题的解空间,用 m 个 $X_i(i=1,2,\cdots,m)$ 构成的字符串 $X=X_1X_2\cdots X_m$ 代表 m 维决策向量 $X=[x_1,x_2,\cdots,x_m]^{\mathrm{T}}$。

每个 X_i 被认为是一个单独的遗传基因,其可能取值被叫做等位基因。然而,m 个遗传基因就构成了一个染色体 X。通常情况下,染色体长度是固定不变的。等位基因可以是整数、纯粹的记号或者实数,最简单的染色体是由 0、1 组成的符号串。一条染色体 X 代表一个产品个体 X,进化过程中,需要对每个个体 X 以同样的规律计算适应度值。当表现型 X 离目标函数最优值越近时,其适应度值就越大;否则,适应度值就越小。遗传算法主要通过对染色体 X 的搜索来获得问题的最优解。

在计算机辅助工业设计中,可依据部件或关键点的不同对产品形态进行分解。通过关键点坐标值来表示产品形态,对它们进行二进制编码,可得到一组由 0 和 1 组成的字符串,即染色体。电热水壶产品形态及其染色体如图 6-37 所示。

2) 初始种群

单个个体繁殖后代,取消了交叉操作。通过变异操作获得新个体,再与原始样本结合作为父代进行后续的遗传操作。

3) 遗传操作

遗传操作主要包括:选择、交叉、变异。

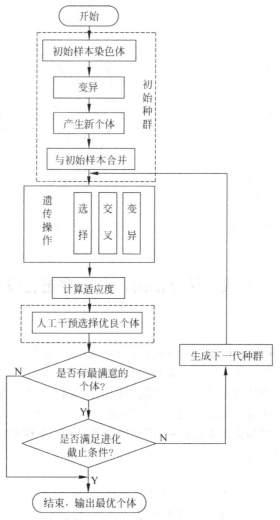

图 6-36　遗传算法运算流程

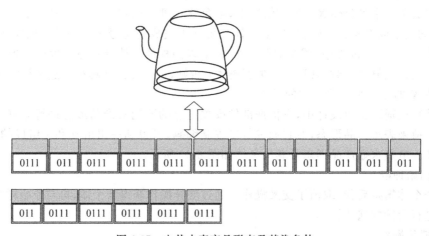

图 6-37　电热水壶产品形态及其染色体

选择：根据种群中每个个体的适应度值，从中选择出比较优良的个体遗传到下一代群体中。

交叉：对群体内的个体进行随机配对，按交叉概率交换它们基因位上的数值。

变异：对群体内的个体，按变异概率将染色体上部分基因位的值改变为它的等位基因。例如，将二进制基因点位的值由 1 变为 0，或者由 0 变为 1。

4）计算适应度

适应度函数是作为产品造型进化过程中评判设计方案意象值的依据，应用其所筛选出的优良方案会在遗传操作的循环过程中得以保留和优化。基于功能需求和美度计算，可建立综合两者的适应度函数，并结合人工评判对产品设计方案进行评价。

5）人工干预选择优良个体

从新产生的大量造型方案中选择出设计师认为比较优秀的产品方案，有助于遗传操作朝着人们喜好的造型方向进化，使最优结果能够更早的出现。

2. 案例分析

由于电热水壶形态相对简单且造型意象比较丰富，故选择其作为实例产品，对基于交互式遗传算法的产品造型进化设计系统进行介绍。

1）电热水壶形态定量分析及编码

依据电热水壶形态定性分析结果，提取描述产品形态的定量设计参数。电热水壶形态模型如图 6-38 所示。经解析可得，表示电热水壶三维造型轮廓线需要 18 个造型设计参数，可以通过改变这 18 个参数的大小来获得不同的电热水壶形态。

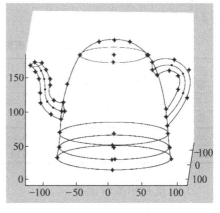

图 6-38　电热水壶形态模型

（1）壶体部分。设从下往上，第二个圆的半径为 r，则：

$$r_1 = r+3, \quad r_3 = r-1, \quad r_4 = \frac{25}{41}r$$

设第二个圆的 Z 坐标为 h，则：

$$h_1 = 0, \quad h_3 = 2h+3, \quad h_4 = 9h$$

设壶盖高度为 h_8，壶体左侧轮廓线上点的竖坐标可以表示为

$$z = [0, h, 2h+3+1/3(7h-3), 2h+3+2/3(7h-3), 9h, 9h+6/7(h_5-9h), h_8]$$

对应纵坐标为

$$y = [r+3, r, r-1, y_4, y_5, 25r/41, y_7, 0]$$

得出壶体上的变量有 6 个，分别为 h、h_8、r、y_4、y_5、y_7。

（2）壶嘴部分。壶嘴中心线上取 6 个点，设第一点与第二点之间的竖坐标相差 t，则每相邻两点间的 Z 坐标之差为 $[t, 2t, 4t, 3.5t, 2.5t, 2t]$。

每个点的纵坐标 Y 可以在一定范围内变化，壶嘴两侧边缘上点的坐标可用中心线上点坐标表示。因此，壶嘴上共有 8 个变量，分别为 t、y_9、y_{10}、y_{11}、y_{12}、y_{13}、y_{14}、y_{15}。

（3）把手部分。把手中心线上取 3 个点，第二个点的 Y 坐标和 Z 坐标可在一定范围内变化；第一个点的 Y 坐标值用第二个点的 Y 坐标值表示，Z 坐标可变化；第三个点的 Z 坐标值可用第二个点的 Z 坐标值表示，而 Y 坐标可变化；把手两侧边缘上点坐标可以用中心线上的点表示。故把手部分共有 4 个变量，分别为 z_{15}、y_{16}、z_{16}、y_{17}。

综上所述,总变量个数为 18 个。每个设计变量的变化范围如表 6-13 所示。

表 6-13 参数变化范围   mm

变量参数	最小值	最大值	变量参数	最小值	最大值
h	14	21	y_{11}	-104.74	-101.24
h_8	168	183	y_{12}	-105.89	-102.39
r	75	90	y_{13}	-110.85	-107.35
y_4	-85	-70	y_{14}	-118.75	-115.25
y_5	-77	-62	y_{15}	95.45	110.45
y_7	-30	-16	z_{15}	89.96	104.96
t	3.8	5.2	y_{16}	98	113
y_9	-92.65	-89.15	z_{16}	120.32	135.32
y_{10}	-101.58	-98.08	y_{17}	131.3	146.3

将 h、y_9、y_{10}、y_{11}、y_{12}、y_{13}、y_{14} 的取值范围均匀离散为 8 个点,并转换为二进制编码(000~111);将 r、h_8、y_4、y_5、y_7、t、y_{15}、z_{15}、y_{16}、z_{16}、y_{17} 的取值范围均匀离散化为 16 个点,并转换为二进制编码(0000~1111)。

对上述参数在其变化范围内离散化处理,并进行二进制编码,部分参数编码结果如表 6-14 所示。

表 6-14 离散化参数值及对应的二进制编码

h	14.00	15.00	16.00	17.00	18.00	19.00	20.00	21.00
编码	000	001	010	011	100	101	110	111
h_8	168.00	169.00	170.00	171.00	172.00	173.00	174.00	175.00
编码	0000	0001	0010	0011	0100	0101	0110	0111
h_8	176.00	177.00	178.00	179.00	180.00	181.00	182.00	183.00
编码	1000	1001	1010	1011	1100	1101	1110	1111

2) 系统初始参数设置

在进化过程中,依据电热水壶设计知识库构建初始样本,如图 6-39 所示,表 6-15 所示数据为该样本的形态参数值及与其相对应的二进制编码。每次进化迭代过程中的交叉概率和变异概率都依据产品造型进化的要求进行人工调节。适当地增大变异概率会丰富产品造型进化设计方案的多样性。

图 6-39 初始样本

3) 人机交互下的形态演化

父代个体首先经变异得到一个新个体,再与该新个体交叉、变异得到新种群。接着系统对数据进行解码,并将新的产品形态展示在基于 MATLAB 建立的交互界面上,这样设计师可以很直观地从中挑选出较为优秀的设计方案,并作为下次遗传操作的父代种群,用于产品形态演化,直至进化出比较满意的产品形态。其演化过程如图 6-40 所示。

4) 产品意象造型进化设计系统

基于 MATLAB 软件,应用交互式遗传算法构建产品的造型进化设计系统,其操作界面如图 6-41 所示。

表 6-15　初始样本的形态数据及对应编码

变量	r	h	h_8	y_4	y_5	y_7	t
变量值	82.00	17.00	175.00	−78.00	−70.00	−23.00	4.50
编码	0111	011	0111	0111	0111	0111	0111
变量	y_9	y_{10}	y_{11}	y_{12}	y_{13}	y_{14}	y_{15}
变量值	−91.15	−100.08	−103.24	−104.39	−109.35	−117.25	102.45
编码	011	011	011	011	011	011	0111
变量	z_{15}	y_{16}	z_{16}	y_{17}			
变量值	96.96	105.00	127.32	138.30			
编码	0111	0111	0111	0111			

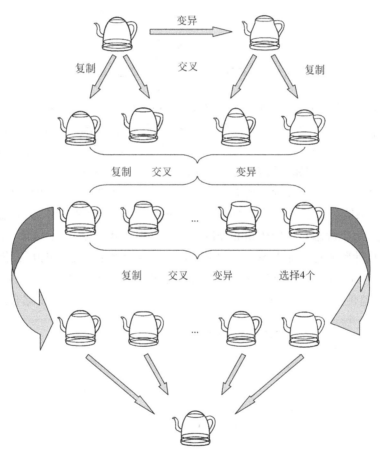

图 6-40　电热水壶形态演化过程

（1）参数设定。在系统运行之前，设计师首先通过拉动交叉概率和变异概率的滑动条来设置交叉概率和变异概率的大小，系统设置交叉概率和变异概率的变化范围是[0,1]。第一代，必须通过较大的变异概率来获得新的产品造型，随后可通过调节交叉概率和变异概率的值来控制产品形态的多样化，在系统运行前期，尽量增大变异概率，以此获得更具创造性的产品造型。伴随着系统的正常运行，产品造型逐渐接近优化目标，这时可通过较小的变异概率和交叉概率来控制优良个体的持续性。

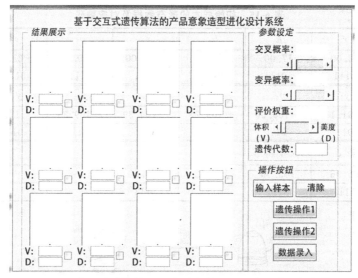

图 6-41　基于交互式遗传算法的产品意象造型进化设计系统操作界面

对体积(V)和美度(D)的需求比例可能在设计的不同阶段是不同的,设计师可以根据需求的不同来调节评价权重的大小,其值在 0～1 之间变化,值越大表示对美度需求越高。

(2) 操作说明。系统的操作按钮包括:输入样本、清除、遗传操作 1、遗传操作 2 和数据录入。单击"输入样本"按钮,系统将呈现原始样本的三维产品形态,如图 6-42 所示。单击"清除"按钮,系统则会清除界面上所有展示的产品形态及其对应的体积值和美度值。单击"遗传操作 1",系统会将图 6-42 所示的原始样本进行变异、交叉等操作,并依据适应度展示部分产品形态,每个形态对应的体积和美度同时也呈现在其下方,展示结果如图 6-43 所示。在此基础上,设计师通过产品形态下方的复选框选择四个产品形态,作为"遗传操作 2"的父代种群,如图 6-43 所示,这样便实现了对进化系统的人工干预。单击"遗传操作 2"按钮,进化系统会通过遗传操作中的交叉与变异对产品形态继续演化更新,并按综合适应度值由大

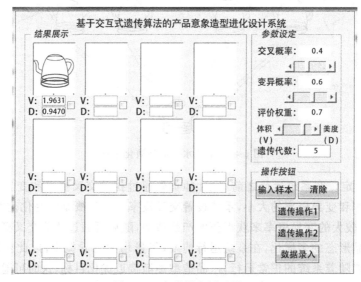

图 6-42　产品样本展示界面

到小的顺序将其展示在交互界面中,每种造型的体积和美度展示在对应形态的下方,如图 6-44 所示。单击"数据录入"按钮,系统会将设计师选择的四个产品形态数据保存下来。在每代演化结束以后,设计师若对产生的多种形态都满意,则结束操作;否则,重新选择四个样本造型,并单击"遗传操作 2"按钮继续进行产品形态演化。

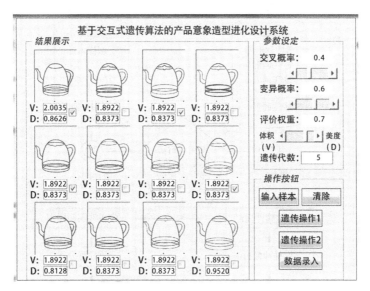

图 6-43　单击"遗传操作 1"结果展示及设计师对系统的干预

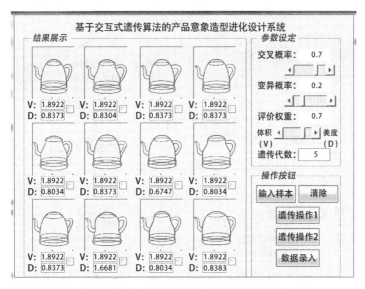

图 6-44　单击"遗传操作 2"所展示的结果

6.3　多目标进化设计

现阶段的产品造型进化设计方法主要是针对某一特定的意象需求,现实生活中消费者往往希望得到符合多个意象需求的产品造型,如一款同时具备大气、流线和稳重等多意象的汽车造型。为解决消费者对产品造型的多意象需求,在分析产品造型进化设计整体流程的基础上,提出产品多意象造型进化设计的模型。其流程如图 6-45 所示。

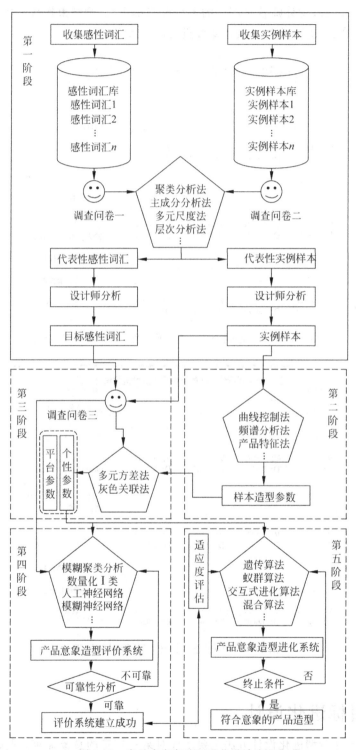

图 6-45 产品多意象造型进化设计流程

6.3.1　确定目标意象和实例样本

1. 确定目标意象

产品意象造型进化设计的首要任务是定位消费者的意象需求,可用感性形容词来描述。首先,从网络、期刊和书籍等收集描述产品意象造型的形容词,初步合并相似度高的词汇;其次,制作消费者对该产品感性认知的调查问卷;再次,依据调查数据进行数理统计分析,筛选出代表性意象;最后,设计师凭借自身设计经验和专业知识从中确定进化设计的目标意象。

2. 确定实例样本

实例样本是产品造型进化设计的初始样本,是参数化样本的依据。首先,从各种渠道收集所要设计的产品图片,根据样本参数化方式对其进行相应处理;其次,依据调查数据进行数理统计分析,筛选出代表性实例样本;最后,由设计师综合确定进化设计的初始样本。常用的数理统计分析方法有聚类分析法、主成分分析法、多元尺度法和层次分析法等。

6.3.2　参数化样本

参数化样本是根据产品模型特征和进化设计方法,采用合适的参数化方法对产品样本进行相应数字化描述的过程。产品造型参数是参数化样本的结果,为造型进化设计提供定量或定性分析依据。常用方法有曲线控制法、参数模型法和产品特征法等。

6.3.3　辨识设计要素参数

辨识设计要素参数的目的是区分设计要素中的个性参数和平台参数。当产品造型较复杂时,产品造型进化设计中忽略对产品意象影响较小的平台参数,可以减少数据量、提高运算效率。辨识设计要素参数并不是产品造型进化设计的必要阶段,当产品造型设计参数较少时,可省略此步骤。常用的方法有灰色关联法、多元方差法和粗糙集理论等。

6.3.4　建立产品意象造型评价系统

产品意象造型评价系统是建立产品意象和产品造型参数之间的映射关系,常用的技术有模糊聚类分析、数量化Ⅰ类、人工神经网络和模糊神经网络等。

建立的评价系统经可靠性分析,可用于后续进化设计中的适应度评估。输入新产品的造型参数,评价系统可预测出该产品的意象评价值,即适应度值。

6.3.5　建立产品多意象造型进化设计模型

由 n 个产品造型决策参数、m 个产品意象目标和 k 个造型参数约束条件组成的产品多意象造型进化设计的模型为

$$\min Y = F(x) = \left[f_1(x), f_2(x), \cdots, f_m(x) \right] \tag{6-20}$$

$$\text{s. t. } g_k(x) = \left[g_1(x), g_2(x), \cdots, g_k(x) \right] \leqslant 0 \tag{6-21}$$

$$\left. \begin{array}{l} X = (x_1, x_2, \cdots, x_n) \\ Y = (y_1, y_2, \cdots, y_n) \end{array} \right\} \tag{6-22}$$

其中,$X \in \Omega, \Omega$ 为决策变量空间;$Y \in \Pi, \Pi$ 为目标函数空间。

决策变量空间由产品造型参数组成,目标函数空间由产品意象评价值组成。产品多意象造型进化设计问题就是求产品造型参数变量 X,使产品造型多意象函数 $Y = F(x)$ 在满足造型参数约束条件 $g_k(x) \leqslant 0$ 的同时达到最优。

即若满足

$$\bigwedge_{m \in M} \left[F(X) = F(X^*) \right] \tag{6-23}$$

或者至少存在一个 $j \in M, M = \{1, 2, \cdots, m\}$,使

$$F(X) > F(X^*) \tag{6-24}$$

则称 $X^* = (x_1^*, x_2^*, \cdots, x_n^*)$ 为 $F(X)$ 在满足造型参数约束 $g_k(x) \leqslant 0$ 的多意象造型进化设计最优解。

图 6-46 所示为产品两意象造型进化设计的帕累托前沿分布,图中粗线和细线围成产品两意象造型函数可行解区域,粗线为帕累托前沿。通常多意象造型进化设计的最优解落在帕累托前沿上。

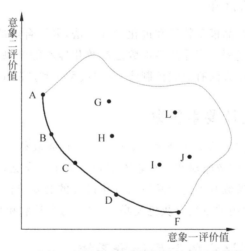

图 6-46　产品两意象造型进化设计的帕累托前沿分布

6.3.6　基于 NSGA-Ⅱ算法的产品多意象造型进化设计

其研究流程如图 6-47 所示。

1. 确定多目标意象和决策变量

确定多目标意象即定位消费者对产品的多意象需求。首先收集意象词汇并制作调查问卷,然后统计分析出代表性意象,从中确定消费者的多个意象需求为目标意象。产品造型进

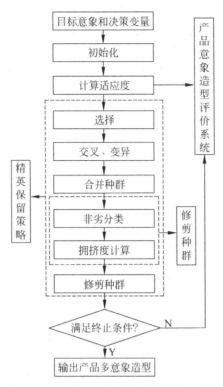

图 6-47 基于 NSGA-Ⅱ算法的产品多意象造型进化设计流程

化设计需要设定决策变量,即产品造型参数的变化范围,一般根据具体问题设定合适的变化值。

2. 初始化

初始化即设定产品多意象造型进化设计的相关参数,包括种群产品数、遗传代数、选择概率、交叉概率、变异概率和目标函数个数等。种群产品数即初始种群中产品的个数,种群产品数较多有助于丰富产品造型进化设计方案,但太多将加大运算的工作量,实际问题中根据产品造型参数、进化代数和进化要求等设定种群产品数。遗传代数、选择概率、交叉概率和变异概率依据产品造型进化设计方案的多样性设定,目标函数的个数依据消费者对进化设计产品期待的多意象个数设定。

3. 计算产品的适应度函数

产品的适应度函数由产品意象造型评价系统[56]实现,该评价系统一般由神经网络建立。评价系统的输入数据为产品造型的设计参数,输出数据为对应意象的评价预测值,即为进化设计中产品意象造型的适应度值。

4. 精英保留策略

首先,精英保留策略可保证优良产品造型在进化设计中不会丢失,该策略采用非劣分类、拥挤度计算和修剪种群等关键技术,使种群在进化过程中具有高水平性和均匀分布性。

　　如图 6-48 所示,精英保留策略首先将父代经选择、交叉、变异和合并形成一个新的种群 R_{2N};其次计算 R_{2N} 中产品多意象的非劣分类序值和拥挤距离,并分为 $P_1,P_2,\cdots,P_r$ 共 r 个非劣类型;最后依据序值和拥挤距离进行排序,从中修剪出与父代个数相等的产品作为新种群,此种群作为下一代进化的父代或产品造型进化设计的结果。

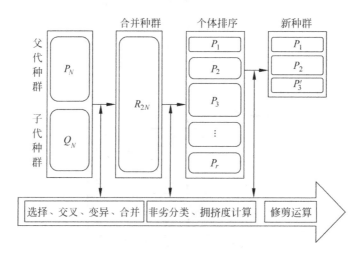

图 6-48　产品多意象造型的精英保留策略

　　首先,复制父代并保留,对原始父代按照选择概率和产品多意象造型的适应度评价值执行选择操作;其次,对选择后的产品按照交叉概率和变异概率执行交叉和变异操作;最后,对保留的父代产品和交叉变异后的产品执行合并操作,形成合并种群 R_{2N}。

　　其次,设种群 Pop 的产品数为 N,将群体 Pop 按照非劣分类策略进行分类排序为 r 个子集 $P_1,P_2,\cdots,P_r$,若满足

$$\bigcup_{p\in\{P_1,P_2,\cdots,P_r\}}P=\text{Pop},$$

$$\forall i,j\in\{1,2,\cdots,r\}\text{ 且 }i\neq j,\text{使 }P_i\bigcup P_j=\varnothing, \tag{6-25}$$

$$P_1>P_2>\cdots>P_r \tag{6-26}$$

则称 $P_1,P_2,\cdots,P_r$ 为种群 Pop 的非劣分类。

　　非劣分类依据产品造型多意象间的非支配关系实现,设 i 和 j 是任意两个不同的多意象产品,则 i 支配 j 的条件是

　　(1) 对所有的子意象目标,i 不比 j 差,即

$$\forall i,j\in\text{Pop},\quad \text{若 }f_k(i)\leqslant f_k(j),$$

$$k=1,2,\cdots,m \tag{6-27}$$

　　(2) 至少存在一个子意象目标,使 i 比 j 优秀,即

$$\exists l\in\{1,2,\cdots,m\},\quad \text{使 }f_l(i)<f_l(j) \tag{6-28}$$

则称 i 非支配 j,i 为非支配的,j 为被支配的,表示为 $i>j$。

　　在图 6-48 中,P_1 中的每个产品都非支配 $P_1,P_2,\cdots,P_r$ 中的每个产品,而 P_1 产品之间无法比较其非支配关系。进一步对同一非劣分类的排序需通过产品多意象的拥挤距离计算来确定,如图 6-48 中的 P_3 分类中确定保留或淘汰的产品。

再次,计算产品多意象的拥挤距离。拥挤距离是种群中某一意象产品周围不被任何其他产品所占有的搜索空间度量。

当某一非劣分类中有 m 个子意象目标和 w 个产品数时,该分类中任意一个产品 i 的多意象拥挤距离为

$$d(i) = \sum_{k=1}^{m} \left[f_k(i+1) - f_k(i-1) \right]$$

$$i = 2, 3, \cdots, w-1$$

$$d(1) = d(w) = \infty \tag{6-29}$$

其中,$f_k(i)$ 为 i 产品在子意象目标 k 上的多意象评价值。

产品多意象的拥挤距离不仅解决了进化设计中同一分类产品之间多意象无法排序的问题,还保持了产品的均匀分散,具有良好的鲁棒性。

最后,通过修建运算使产品多意象造型进化设计朝 Pareto 最优解的方向进行。设每一个产品多意象的非劣分类序值和拥挤距离为 Rank(i) 和 $d(i)$。Rank(i) 由产品多意象的非劣分类 $P_1, P_2, \cdots, P_r$ 决定。

通过两两比较对产品意象进行排序,如果两个产品的 Rank 值不同,则保留 Rank 值较小的产品;如果两个产品的 Rank 值相同,则计算这两个产品多意象的拥挤距离并保留拥挤距离较大的产品,以朝非劣解和均匀分布的方向进行。

修剪运算依据产品多意象排序选出与父代产品个数相等的产品,修剪运算后判断终止条件。如果达到最大进化代数或全部个体达到预期的目标意象评价值,则输出修剪后的产品造型;否则,将修剪后的产品造型作为父代继续遗传操作,直至达到终止条件。

6.3.7 实例分析

在此,选择汽车为例对该方法进行介绍。

1. 收集意象词汇并初步筛选

通过轿车公司主页、轿车杂志和公司宣传册收集消费者对轿车造型理解的感性形容词。如图 6-49 所示为收集的 60 个四门四座轿车意象词汇。

词汇1	词汇2	词汇3	词汇4	词汇5	词汇6	词汇7	词汇8	词汇9	词汇10
大气	极品	力量	轻盈	卓越	结实	豪放	流利	运动	光滑
词汇11	词汇12	词汇13	词汇14	词汇15	词汇16	词汇17	词汇18	词汇19	词汇20
气派	连续	霸气	流畅	锋利	踏实	美好	稳定	成熟	品味
词汇21	词汇22	词汇23	词汇24	词汇25	词汇26	词汇27	词汇28	词汇29	词汇30
传统	老气	野性	饱满	柔和	经济	含蓄	精致	犀利	个性
词汇31	词汇32	词汇33	词汇34	词汇35	词汇36	词汇37	词汇38	词汇39	词汇40
纯正	干练	豪华	活力	安全	时尚	动感	粗犷	灵动	古典
词汇41	词汇42	词汇43	词汇44	词汇45	词汇46	词汇47	词汇48	词汇49	词汇50
可爱	优美	平稳	庄重	理性	奔放	大众	经典	拖沓	纤细
词汇51	词汇52	词汇53	词汇54	词汇55	词汇56	词汇57	词汇58	词汇59	词汇60
流线	优雅	圆润	亲和	规则	温婉	商务	稳重	中庸	协调

图 6-49　收集的汽车意象词汇

为了降低 SD 调查问卷统计和 SPSS 聚类分析的工作量,设计师和设计专家对收集的意象词汇进行综合对比分析,找出明显相近含义的词汇、明显歧义的词汇,最终删除"豪放""拖沓""温婉""光滑""老气""奔放""野性""安全""圆润""美好""中庸"和"饱满"12 个词汇后,剩余 48 个意象词汇。

运用语义差分法对用户进行 SD 调查,对 SD 调查问卷进行初步分析,相似度分析结果体现大多数人的认知思维。对实际回收的 SD 调查问卷的对应数据求取平均值,得到一个 50×50 的相似度矩阵。

2. K-Means 聚类分析

利用 SPSS 软件对相似度矩阵进行 K-Means 聚类分析,本设计重点是讨论汽车造型意象,忽略品牌意象和风格意象,设置聚类数为 6,从表 6-16 中可看出,K-Means 聚类分析的显著性水平都小于 0.05,满足误差要求。表 6-17 所示为利用 K-Means 聚类分析法确定汽车目标意象的最终聚类中心间的距离。

表 6-16 K-Means 聚类分析的 ANOVA

意象词汇	聚类		误差		F	Sig.
	均方	df	均方	df		
大气	0.379	5	0.046	42	8.183	0.000
霸气	0.588	5	0.043	42	13.787	0.000
成熟	0.214	5	0.042	42	5.147	0.001
柔和	0.258	5	0.061	42	4.215	0.003
纯正	0.381	5	0.063	42	6.083	0.000
动感	0.340	5	0.059	42	5.797	0.000
平稳	0.602	5	0.034	42	17.879	0.000
规则	0.426	5	0.056	42	7.623	0.000
极品	0.590	5	0.050	42	11.770	0.000
流利	0.582	5	0.034	42	17.030	0.000
流畅	0.639	5	0.030	42	20.992	0.000
品味	0.539	5	0.058	42	9.321	0.000
经济	0.191	5	0.040	42	4.834	0.001
干练	0.255	5	0.074	42	3.431	0.011
粗犷	0.219	5	0.042	42	5.239	0.001
庄重	0.527	5	0.042	42	12.518	0.000
纤细	0.354	5	0.062	42	5.755	0.000
精致	0.228	5	0.052	42	4.352	0.003
活力	0.130	5	0.047	42	2.768	0.030
古典	0.356	5	0.055	42	6.517	0.000
力量	0.351	5	0.049	42	7.151	0.000
运动	0.482	5	0.038	42	12.603	0.000
锋利	0.399	5	0.048	42	8.386	0.000
传统	0.259	5	0.045	42	5.766	0.000

续表

意象词汇	聚类		误差		F	Sig.
	均方	df	均方	df		
含蓄	0.272	5	0.058	42	4.685	0.002
豪华	0.565	5	0.080	42	7.056	0.000
灵动	0.605	5	0.052	42	11.707	0.000
理性	0.317	5	0.042	42	7.502	0.000
流线	0.674	5	0.045	42	15.010	0.000
商务	0.518	5	0.038	42	13.586	0.000
卓越	0.524	5	0.050	42	10.479	0.000
气派	0.497	5	0.044	42	11.188	0.000
优雅	0.396	5	0.051	42	7.817	0.000
轻盈	0.623	5	0.032	42	19.200	0.000
犀利	0.332	5	0.053	42	6.229	0.000
踏实	0.498	5	0.023	42	21.634	0.000
可爱	0.148	5	0.054	42	2.710	0.033
大众	0.287	5	0.044	42	6.565	0.000
稳定	0.394	5	0.043	42	9.087	0.000
结实	0.279	5	0.051	42	5.514	0.001
连续	0.156	5	0.042	42	3.704	0.007
稳重	0.456	5	0.033	42	13.727	0.000
个性	0.632	5	0.036	42	17.451	0.000
时尚	0.536	5	0.054	42	9.964	0.000
优美	0.354	5	0.036	42	9.752	0.000
经典	0.372	5	0.062	42	6.002	0.000
亲和	0.306	5	0.057	42	5.336	0.001
协调	0.347	5	0.027	42	12.902	0.000

表 6-17　最终聚类中心间的距离

聚类	1	2	3	4	5	6
1		1.802	2.131	2.513	2.435	2.087
2	1.802		2.400	3.010	2.449	1.756
3	2.131	2.400		2.422	1.608	2.677
4	2.513	3.010	2.422		2.089	2.094
5	2.435	2.449	1.608	2.089		2.413
6	2.087	1.756	2.677	2.094	2.413	

　　如表 6-18 所示为汽车造型感性意象词汇的分类。第一类主要为优雅、大气之类的豪华型词汇；第二类主要为干练、霸气之类的力量型词汇；第三类主要为成熟、稳定之类的稳重型词汇；第四类主要为柔和、协调之类的亲和型词汇；第五类主要为含蓄、经济之类的可爱型词汇；第六类主要为流畅、灵动之类的动感型词汇。经综合对比分析，选择"豪

华""力量""稳重""亲和""可爱"和"动感"作为四门四座汽车意象造型设计的多目标意象。

表 6-18　汽车造型感性意象词汇的分类

分类	第一类	第二类	第三类	第四类	第五类	第六类
意象词汇	大气	霸气	成熟	柔和	规则	动感
	品味	极品	纯正	亲和	经济	流利
	精致	干练	平稳	协调	含蓄	流畅
	豪华	粗犷	庄重		理性	纤细
	商务	力量	古典		可爱	活力
	卓越	犀利	传统			运动
	气派		踏实			锋利
	优雅		大众			灵动
	个性		稳定			流线
	时尚		结实			轻盈
	优美		稳重			连续
	经典					

3. 研究样本的确定

基于调查问卷,分析消费者对轿车研究样本的造型分类。通过填写调查问卷对 50 份汽车图片进行分类,两两比较汽车图片的相似度。其中两个汽车图片造型相似度为:不相似、比较不相似、介于相似和不相似之间、比较相似、十分相似、相同,分别取值 0、0.2、0.4、0.6、0.8、1。以此进行汽车造型的分类,进而为汽车意象造型设计提供研究样本。

共发放调查问卷 30 份,实际收回 28 份。调查者性别分布为:男性 16 人、女性 12 人;年龄分布为:18~30 岁 10 人、31~40 岁 8 人、41~50 岁 6 人、50 岁以上 4 人。对 28 份调查问卷数据求取平均值,得到一个 50×50 的相似度矩阵。利用 SPSS 软件对调查问卷数据进行分析,设定分类数为 35,采用分类方法为系统聚类分析的组间联接,度量标准为平方欧几里得距离。从聚类分析后的 35 类汽车图片的每一类中选出一个样本,共选出 35 个样本作为研究样本,如图 6-50 所示。

4. 汽车样本参数化

1) 汽车造型的分解

一个汽车造型被描述为设计要素的集合,设计要素分为主设计要素、次设计要素、辅助设计要素,依次对应主造型线、过渡造型线、辅助造型线,从而构建一个完整的汽车造型描述模型。这种汽车造型设计要素分解方式不仅符合汽车造型的设计过程,而且可较准确地描述汽车造型形态。

主造型线是表示汽车造型信息量最大的曲线,是汽车意象造型设计中作用最大的线,经常代表汽车造型的关键设计要素;过渡造型线是面与面之间的过渡线,表示造型的过渡形态;辅助造型线是汽车造型的具体表现,具有丰富汽车造型、优化汽车形态的作用。汽车造型曲线蕴含着人们潜在的感性意象内涵和情感诉求。

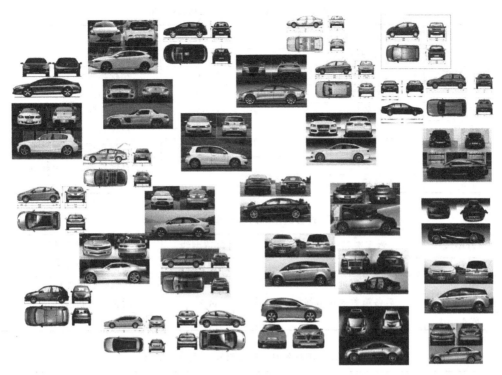

图 6-50　部分汽车造型图片

　　通过提取汽车造型的主造型线、过渡造型线和辅助造型线，建立了基于汽车整体形态的设计要素描述模型，以此对汽车造型设计要素进行分解。如图 6-51 所示为汽车造型分解后的造型线，图中红色线为主造型线，共 15 条，其与汽车造型设计要素对应关系如表 6-19 所示；黄色线为过渡造型线，共 7 条，其与汽车造型设计要素对应关系如表 6-20 所示。绿色线为辅助造型线，共 12 条，其与汽车造型设计要素对应关系如表 6-21 所示。

图例：
——————　主造型线
——————　过渡造型线
——————　辅助造型线

图 6-51　汽车造型的分解

表 6-19　主造型线对应汽车造型设计要素

主 造 型 线	汽车造型设计要素	主 造 型 线	汽车造型设计要素
红 1	车头侧轮廓线	红 9	前轮罩线
红 2	引擎盖侧面顶型线	红 10	左视车顶线
红 3	侧面顶型线	红 11	左视挡风玻璃下缘线
红 4	车窗轮廓线	红 12	左视左轮廓线
红 5	腰线	红 13	左视右轮廓线
红 6	侧车尾轮廓线	红 14	右视车顶线
红 7	后轮罩线	红 15	右视挡风玻璃下缘线
红 8	车底线		

表 6-20　过渡造型线对应汽车造型设计要素

过渡造型线	汽车造型设计要素	过渡造型线	汽车造型设计要素
黄 1	顶围与车窗过渡线	黄 5	前保险杠外缘线
黄 2	引擎盖侧过渡线	黄 6	后保险杠外缘线
黄 3	后备箱盖侧过渡线	黄 7	后备箱盖折线
黄 4	引擎盖折线		

表 6-21　辅助造型线对应汽车造型设计要素

辅助造型线	汽车造型设计要素	辅助造型线	汽车造型设计要素
绿 1	转向信号灯轮廓线	绿 7	左雾灯轮廓线
绿 2	尾灯侧轮廓线	绿 8	刹车通风口轮廓线
绿 3	左进气隔栅轮廓线	绿 9	右雾灯轮廓线
绿 4	右进气隔栅轮廓线	绿 10	左尾灯轮廓线
绿 5	左前大灯轮廓线	绿 11	后车牌空间轮廓线
绿 6	右前大灯轮廓线	绿 12	右尾灯轮廓线

　　汽车分解后的主造型线、过渡造型线、辅助造型线如图 6-52 所示。主造型线中,车头侧轮廓线(红 1)、引擎盖侧面顶型线(红 2)、侧面顶型线(红 3)和侧车尾轮廓线(红 6),共同构成汽车上侧轮廓线,其构成汽车造型的重要组成部分,表示汽车造型的侧面轮廓。腰线(红 5)表示汽车造型整体风格的腰线,腰线在汽车造型中的地位很重要,实际设计中经常把腰线看作设计亮点。车窗轮廓线(红 4)构成车窗侧面造型的窗缘线,其中车窗轮廓线(红 4)的上缘线与侧面顶型线(红 3)具有相似的线条趋势。后轮罩线(红 7)和前轮罩线(红 9)构成汽车轮胎的位置以及轮胎罩的造型,车底线(红 8)构成汽车侧底边缘线,其中车头侧轮廓线、引擎盖侧面顶型线、侧面顶型线、侧车尾轮廓线、后轮罩线、车底线、前轮罩线共同构成汽车整体的侧轮廓。左视车顶线(红 10)和左视挡风玻璃下缘线(红 11)构成汽车前挡风玻璃造型线,左视左轮廓线(红 12)和左视右轮廓线(红 13)构成汽车左视图的外轮廓造型线,右视车顶线(红 14)和右挡风玻璃下缘线(红 15)构成汽车后挡风玻璃造型线。主造型线控制汽车造型的整体风格和感性意象,对汽车感性意象的研究具有重要意义。

　　过渡造型线中,引擎盖侧过渡线(黄 2)体现引擎盖上造型曲面和曲线的过渡。后备箱盖侧过渡线(黄 3)体现后备箱造型和车身的侧面过渡。引擎盖折线(黄 4)表示引擎盖的造

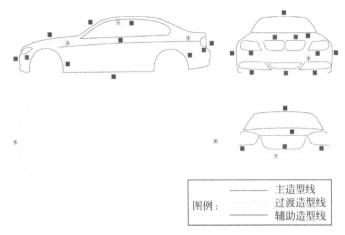

图例：
————— 主造型线
————— 过渡造型线
————— 辅助造型线

图 6-52 汽车的主造型线、过渡造型线、辅助造型线

型变化，表达引擎盖上主造型之间的过渡。前保险杠外缘线(黄 5)是前保险杠上主造型之间的过渡造型。后保险杠外缘线(黄 6)是后保险杠上主造型之间的过渡造型。后备箱盖折线(黄 7)体现和反映后备箱与车体的过渡关系。

辅助造型线中，以汽车整体造型为出发点，经局部增加或减少汽车整体形态的各造型线，产生辅助造型线。前灯、进气隔栅和尾灯的辅助造型线(绿 5 和绿 6、绿 3 和绿 4、绿 10 和绿 12)是汽车前脸或尾部比较重要的造型区域。刹车通风口轮廓线(绿 8)是表示刹车通风口特征的辅助造型线，雾灯轮廓线(绿 7、绿 9)相呼应形成汽车前脸的组成部分。辅助造型线通常反映汽车品牌特征，前灯轮廓线和格栅轮廓线通常具有高度的可识别性。

为了简化研究问题和造型参数，本实例只选择汽车前视图和左视图的主造型线作为汽车研究样本简化后的造型线，如图 6-53 所示。

2) 汽车样本造型的参数化

用曲线控制法参数化汽车研究样本是利用关键控制点设定各造型线，进而定位各关键控制点坐标值，以此参数化样本。本实例在汽车前视图简化后的造型线中设定了 36 个关键控制点，如图 5-7 所示。在汽车左视图简化后的造型线中设定 22 个关键控制点，如图 5-8 所示。36 个前视图关键控制点和 22 个左视图关键控制点可基本控制汽车造型曲线。

在前视图关键控制点中，点 P1~P7 和点 P16~P23 构成汽车的车头侧轮廓线和车尾侧轮廓线，因为汽车车头和车尾形态比较丰富，对消费者感性意象影响较大，故关键控制点的分布比较密集。P25 和 P26 控制点构成车底线，是一条直线。

在左视图关键控制点中，点 Q1~Q10 和点 Q13~Q22 与垂直中心线成左右对称关系。汽车样本的左视轮廓线造型比较复杂且对消费者感性意象影响明显，控制点分布比较密集。

本实例利用平面图像处理软件 CorelDRAW 对每个汽车研究样本的前视图和左视图的 58 个关键控制点进行定位。定位关键控制点坐标时，前视图以最左端和最下端为边界建立直角坐标系。左视图以最下端和垂直对称中心线建立直角坐标系，因此左视图中垂直对称中心线左、右两边的控制点横坐标值互为相反数，纵坐标值相等，如表 5-5 所示为样本 1 关键控制点坐标值，其余与之类似。

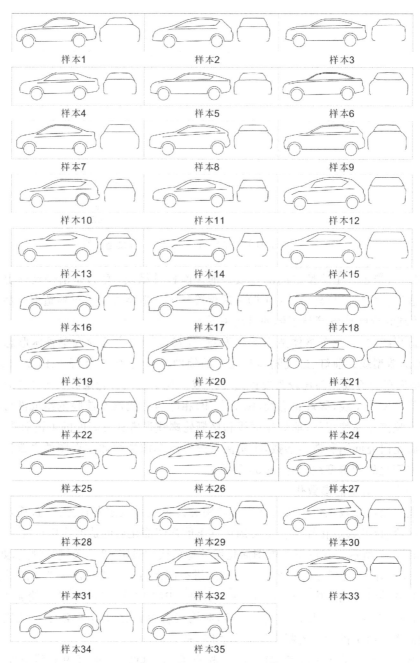

图 6-53　汽车研究样本简化后的造型线

5. 建立产品意象造型进化设计系统

1) 汽车造型进化设计中多目标意象的确定

汽车造型进化设计的多目标意象是消费者对汽车的期待意象,确定多目标意象有助于了解消费者喜欢什么类型的汽车造型,挖掘消费者的内在情感需求。目前,汽车造型设计的风格已进入多元化时代,随着新技术、新方法的应用,各种新颖奇特的汽车造型层出不穷。

从 20 世纪 20 年代的"梦幻型""肌肉型"到现代的"豪华型"等。

随着我国汽车工业的发展和汽车消费市场的飞速增长,消费者已不再满足于汽车最基本的功能和多年不变的造型,开始注重汽车造型的意象。汽车是工业社会创造的产物,是市场经济中的商品,是以市场的需求、消费者的意象认知为导向进行创新设计的,这决定了汽车设计的工作不同于纯粹的艺术设计。

汽车造型特点很大程度上会受到设计师个人喜好的影响,但是对工业设计产品而言,汽车造型设计要满足消费者群体的喜好和需求,并能够激起他们的购买欲望。任何汽车设计师的工作都不能脱离市场、消费者的需求。本实例确定汽车多意象造型进化设计的目标意象为"豪华""力量""稳重""亲和""可爱"和"动感"。

2)汽车造型进化设计中决策变量的确定

(1)汽车样本造型的原始数据。汽车多意象造型进化设计的原始数据由汽车研究样本经参数化后得到。如图 5-7 与图 5-8 所示为汽车样本 1 的关键控制点,其样本 1 关键控制点坐标值如表 5-5 所示,其余汽车样本造型的关键控制点和控制点坐标与此类似。

(2)汽车样本造型的决策变量。为了简化汽车造型样本决策变量数据,有效控制汽车形态的变化。设定汽车造型样本前视图(图 5-7)的 P1、P24、P25、P26 共 4 个关键控制点为绝对关键控制点,即在汽车造型进化设计中,该 4 个点的坐标值保持不变。设定其余 32 个关键控制点为相对关键控制点。考虑到汽车造型样本前视图中的 P2～P7、P16～P23 共 14 个相对关键控制点间隔比较近,设这 14 个相对关键控制点的横、纵坐标值变化为 ±3mm,即横、纵坐标值变化范围为 6mm。设定汽车造型样本前视图中剩余的 P8～P15、P27～P36 共 18 个相对关键控制点的横、纵坐标值变化为 ±4mm,即这 18 个相对关键控制点的横纵坐标变化范围为 8mm。如表 6-22 所示为汽车样本前视图的决策变量。

表 6-22　汽车样本前视图的决策变量

X	X_{min}	X_{max}	Y	Y_{min}	Y_{max}	X	X_{min}	X_{max}	Y	Y_{min}	Y_{max}
x_1	12.1	12.1	y_1	0.5	0.5	x_{19}	213.8	219.8	y_{19}	19.9	25.9
x_2	4.3	10.3	y_2	−2.6	3.4	x_{20}	213.8	219.8	y_{20}	11.0	17.0
x_3	3.8	9.8	y_3	−0.9	5.1	x_{21}	212.6	218.6	y_{21}	9.3	15.3
x_4	−1.2	4.8	y_4	3.7	9.7	x_{22}	213.0	219.0	y_{22}	6.2	12.2
x_5	−1.5	4.5	y_5	8.3	14.3	x_{23}	210.9	216.9	y_{23}	4.0	10.0
x_6	−2.5	3.5	y_6	14.5	20.5	x_{24}	187.7	195.7	y_{24}	−0.9	7.1
x_7	−2.6	3.4	y_7	16.1	22.1	x_{25}	150.1	158.1	y_{25}	−3.1	4.9
x_8	0.5	8.5	y_8	23.2	31.2	x_{26}	45.9	53.9	y_{26}	−3.5	4.5
x_9	32.6	40.6	y_9	32.9	40.9	x_{27}	65.8	73.8	y_{27}	33.1	41.1
x_{10}	63.5	71.5	y_{10}	36.1	44.1	x_{28}	92.2	100.2	y_{28}	50.3	58.3
x_{11}	90.8	98.8	y_{11}	53.3	61.3	x_{29}	118.1	126.1	y_{29}	54.3	62.3
x_{12}	119.1	127.1	y_{12}	57.3	65.3	x_{30}	146.4	154.4	y_{30}	52.9	60.9
x_{13}	149.0	157.0	y_{13}	56.1	64.1	x_{31}	165.2	173.2	y_{31}	46.1	54.1
x_{14}	158.5	166.5	y_{14}	53.8	61.8	x_{32}	165.5	173.5	y_{32}	46.1	54.1
x_{15}	187.9	195.9	y_{15}	40.7	48.7	x_{33}	41.2	49.2	y_{33}	23.5	31.5
x_{16}	204.2	210.2	y_{16}	40.3	46.3	x_{34}	81.2	89.2	y_{34}	26.5	34.5
x_{17}	208.3	214.3	y_{17}	39.7	45.7	x_{35}	141.2	149.2	y_{35}	29.1	37.1
x_{18}	209.7	215.7	y_{18}	24.2	30.2	x_{36}	201.8	209.8	y_{36}	30.1	38.1

　　汽车造型样本左视图(图 5-8)中,关键控制点 Q1~Q10 和点 Q13~Q22 关于垂直中心线对称,因此点 Q1~Q10 和点 Q13~Q22 的横坐标互为相反数,纵坐标相等。因此,汽车造型左视图中只需确定 Q1~Q12 共 12 个关键控制点坐标即可。

　　设定汽车造型样本左视图各关键控制点都为相对关键控制点,且横、纵坐标值变化为 ±3mm,则汽车造型样本左视图相对关键控制点坐标值变化范围为 6mm。如表 6-23 所示为汽车样本左视图的决策变量。

表 6-23　汽车样本左视图的决策变量

X	X_{min}	X_{max}	Y	Y_{min}	Y_{max}	X	X_{min}	X_{max}	Y	Y_{min}	Y_{max}
x_1	−43.1	−37.1	y_1	−2.5	3.5	x_7	−31.8	−25.8	y_7	34.8	40.8
x_2	−47.0	−41.0	y_2	3.8	9.8	x_8	−31.1	−25.1	y_8	37.9	43.9
x_3	−47.8	−41.8	y_3	16.0	22.0	x_9	−29.3	−23.3	y_9	41.5	47.5
x_4	−42.2	−36.2	y_4	27.8	33.8	x_{10}	−23.4	−17.4	y_{10}	46.9	52.9
x_5	−36.5	−30.5	y_5	31.9	37.9	x_{11}	−3.0	3.0	y_{11}	48.1	54.1
x_6	−33.5	−27.5	y_6	33.6	39.6	x_{12}	−3.0	3.0	y_{12}	33.4	39.4

　　3) 汽车造型进化设计系统的开发

　　基于 NSGA-Ⅱ算法开发的汽车造型进化设计系统是应用计算机编程技术实现产品造型进化设计的智能系统。本实例应用 MATLAB 编程软件开发了汽车多意象造型进化设计系统。

　　基于 MATLAB 编程软件的 GUI 工具,编译以 nsga_2 为主函数和 objective_description_function、initialize_variables、non_domination_sort_mod、genetic_operator、evaluate_objective 和 tournament_selection 等为调用函数的汽车多意象造型进化设计系统。

　　如图 6-54 所示为汽车多意象造型进化设计系统的人机交互界面,分为汽车造型和参数设定两个板块。汽车造型板块在初次运行前是空白,第一次运行后即可显示进化设计后目标感性意象评价值较高的汽车造型,设计师或消费者可根据设计目标和自身喜好选择一定数目的汽车造型进一步进化设计。参数设定板块可设定进化设计中相关参数。目标意象可设定"豪华""力量""稳重""亲和""可爱"和"动感"6 个感性意象中一个或多个。考虑产品造型实际进化过程和进化算法的特性,设定交叉概率的输入范围为 0.7~0.99,变异概率的输入范围为 0.01~0.2,最大代数的输入范围为 100~500,产品的输出个数范围为 1~20。

　　产品意象造型的适应度评估是进化设计系统的关键之一,开发产品意象造型进化设计系统时,产品的适应度函数调用对应意象造型的模糊神经网络评价系统。

　　依据意象调查的 5 个等级(0、0.25、0.5、0.75、1)和语义差分法的合理误差(0.125),汽车造型的某一意象评价值达到 0.875 以上,则该产品造型的意象评价值达到最高等级。因此本进化设计系统的终止条件为:达到设定的最大进化代数或每一代中所有产品造型意象评价值都达到 0.875 以上。

　　4) 汽车多意象造型进化设计及分析

　　利用本实例开发的汽车多意象造型进化设计系统对汽车进行创新设计,只需设定进化设计系统的相关参数,运行后可输出汽车造型、造型参数和意象评价值。初步运行后,可选

图 6-54　汽车多意象造型进化设计系统的运行界面

择一定数量的汽车造型并设定相关参数深入进化设计。进化设计结束后,可单击"打开目录"按钮,打开汽车造型进化设计的造型图片、造型参数和感性意象评价值存储目录。

本实例设定汽车多意象造型进化设计的交叉概率为 0.85,变异概率为 0.02,进化代数为 100,输出个数为 20,意象词汇为"豪华"和"动感",执行"运行"命令。图 6-55 所示为汽车"豪华"和"动感"两意象的造型进化设计结果,表 6-24 所示为汽车"豪华"和"动感"两意象造型进化设计的部分造型。

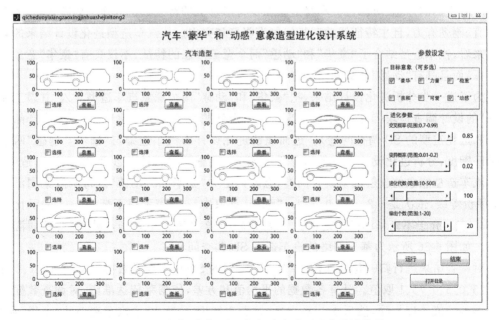

图 6-55　汽车"豪华"和"动感"意象造型进化设计结果

表 6-24 汽车"豪华"和"动感"两意象进化设计的部分造型

序 号	进化造型
1	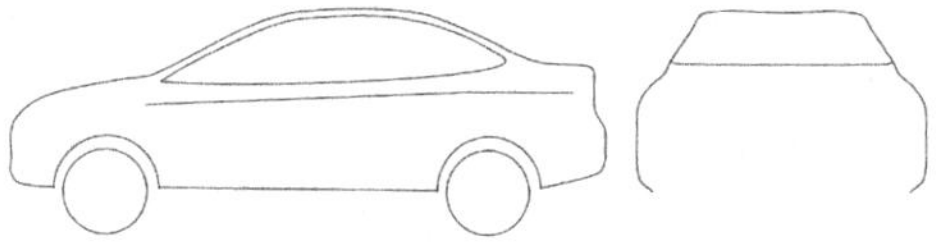
2	
3	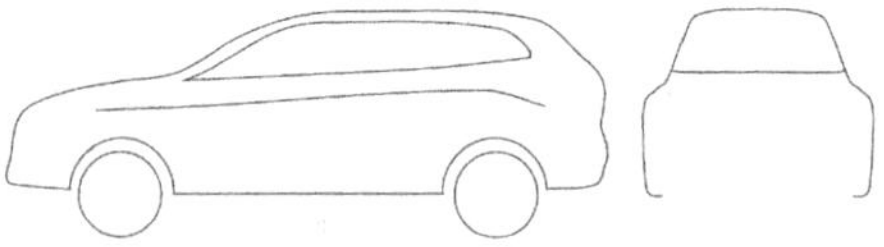
4	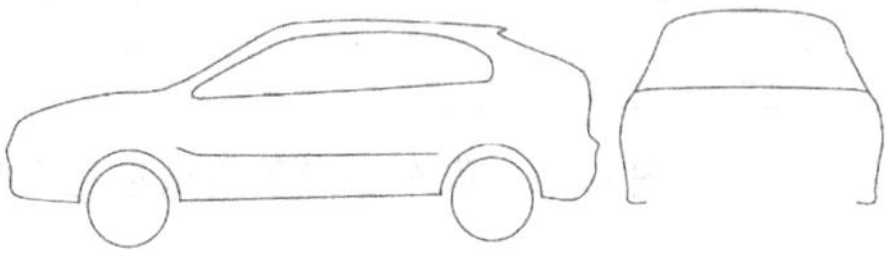

从汽车"豪华"和"动感"意象进化结果中可以看出,汽车造型的肩线和腰线等处都有一定造型变化。单纯从"豪华"的角度来看,这些汽车造型都具有一定的科技感、前卫感,汽车造型形态具有圆滑或锐化的特点。圆滑,表现出车身整体的过渡非常广顺,整体车身造型很饱满。锐化,突出了汽车造型的某些前卫,车身造型的细节突出,腰线与平整的大曲面结合起来显得非常简洁而富有力量,给人一种锋锐感。单纯从"动感"的角度来看,这些汽车轮廓都具有一定的韵律感、对称美。车身造型很少有形态上的特立独行或锋芒毕露,线条大都较为平直、刚劲有力,且主特征线的转折线较为明显和突出。从汽车造型进化设计结果的整体角度来看,汽车造型结合了"豪华"和"动感"两个意象形态的特征,不仅具有"豪华"意象的形态特征,而且具有"动感"意象的内在含义。

为了进一步分析进化设计结果,把"豪华"和"动感"两个意象汽车造型导入"甘肃工业设计网"的设计调查模块(该网站由兰州理工大学设计艺术学院负责建设,并可完成产品研究样本和进化造型的 SD 调查问卷)。进而厘清进化设计的汽车造型与"豪华""动感"两个意象的匹配度,分析进化设计系统的可靠性。该 SD 调查问卷系统共涉及 20 个汽车造型,根据对汽车造型意象的理解填写调查问卷,意象词汇为"豪华"和"动感"。每个意象词汇分为 5 个评价等级,依次是 −2、−1、0、1、2。"豪华"意象中,−2 表示很不豪华、−1 表示比较不豪华、0 表示介于不豪华和豪华之间、1 表示比较豪华、2 表示很豪华,"动感"意象词汇与此类似。如图 6-56 所示为基于网络的汽车造型 SD 调查问卷。

对调查结果进行归一化处理,对各个意象造型的 SD 调查问卷数据 −2、−1、0、1、2 按照 0、0.25、0.5、0.75、1 取值。计算各数据的平均值和方差,依据莱依达准则,对调查数据存在较大误差的值予以剔除,然后求其平均值,如表 6-25 所示为 20 个汽车造型的"豪华"和"动感"两意象的综合评价值。分析 SD 调查问卷数据可以看出,汽车意象造型进化设计的意象

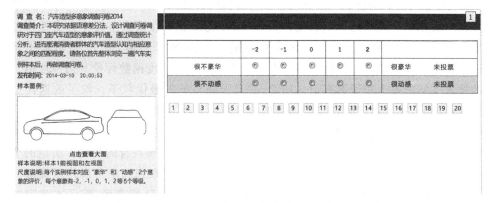

图 6-56 基于网络的汽车意象造型 SD 调查问卷系统

评价值都大于 0.625，达到了如图 6-56 所示的意象评价中 5 个等级的第四等级，即基本达到了"豪华"和"动感"两目标意象，因此该进化设计系统是可靠的。

表 6-25 汽车造型的"豪华"和"动感"两意象评价值

汽车造型进化结果	多意象评价值	汽车造型进化结果	多意象评价值
造型 1	0.733	造型 11	0.714
造型 2	0.812	造型 12	0.732
造型 3	0.674	造型 13	0.683
造型 4	0.699	造型 14	0.745
造型 5	0.824	造型 15	0.751
造型 6	0.721	造型 16	0.692
造型 7	0.765	造型 17	0.834
造型 8	0.803	造型 18	0.696
造型 9	0.651	造型 19	0.713
造型 10	0.693	造型 20	0.682

6.4 基于粒子群算法的产品形态进化设计

6.4.1 基本粒子群算法

粒子群算法是由美国电气工程师埃伯哈特（R. C. Eberhart）和社会心理学家肯尼迪（J. Kennedy）在研究鸟群觅食行为时发现的规律发展而来的。通过研究发现，鸟群在飞行觅食过程中有时会突然改变方向，有时会不断地分开与重新组合，对于鸟群中的个体行为没有规律可循，但是整个鸟群的形态始终能够保持较好的一致性，个体之间也能保持较为稳定的距离。通过大量类似的研究发现，任何群体中都有一种比较完善的且有利于群体进化的信息共享机制，这种机制使得该群体具有可靠的优势。

利用粒子群算法求解优化问题时，问题解对应于搜索空间中个体的具体位置，分别称每个个体为一个"粒子"。不同的粒子具有自己相应的特性，这决定了其在群体中的位置以及自己的速度,可用三个变量 x_i,v_i 和 pbest$_i$ 分别表示,其中:x_i 表示群体中每个粒子的当前位置;v_i 表示每个粒子的当前速度;pbest$_i$ 表示每个粒子在搜索空间中自身搜索过的最好位置。有时为了方便描述,用粒子的位置变量 x_i 表示粒子本身,而 v_i 表示粒子当前的"飞行"方向和"飞行"距离。群体中的所有粒子都由一个适应度函数评价其适应度值。在问题解的搜索空间中每个粒子都有记忆功能,并且追随当前的最优粒子。粒子的迭代过程并不是完全随机的,在迭代过程中当群体中的某个粒子寻找到较优解时,其他的粒子将会以此解为依据进行搜索,以获得更优的解。具体来说,该算法在迭代过程中首先初始化一群粒子,然后不断地追寻个体极值与全局极值,通过迭代的方式实现自身的优化。所谓的个体极值 pbest$_i$ 是指搜索到的粒子最优解,全局极值 gbest$_i$ 是指搜索到的整个群体最优解。假设在一个 D 维的问题解搜索空间中,粒子的速度和位置是一个 D 维变量,粒子本身则是空间中的一个点。在每次迭代中,找到个体极值和全局极值后,粒子 x_i 根据以下公式来更新位置和速度:

$$v_{id}^{k+1} = v_{id}^k + c_1 r_1 (\text{pbest}_{id} - x_{id}^k) + c_2 r_2 (\text{gbest}_d - x_{id}^k) \tag{6-30}$$

$$x_{id}^{k+1} = x_{id}^k + v_{id}^{k+1} \tag{6-31}$$

其中,$i = 1,2,\cdots,m$;$d = 1,2,\cdots,D$;r_1,r_2 为分布在[0,1]区间的随机数,这两个参数被用来保持样本种群的多样性,体现了设计思维的多向性特征;pbest$_i$ 为个体最优样本;gbest$_i$ 为全局最优样本;c_1,c_2 为学习因子,其使样本具有自我总结和学习的能力,从而向个体最优样本以及全局最优样本靠近,体现了设计思维的综合性特征。公式(6-30)中,v_{id}^k 表示粒子当前的状态,是其在上一次迭代过程中的飞行速度,它具有自身开拓问题解空间与探索新区域的能力,起到平衡全局搜索能力和局部搜索能力的作用,但在寻优后期 v_i 会影响粒子的精细搜索,以致使其跳过最优解区域;$c_1 r_1 (\text{pbest}_{id} - x_{id}^k)$ 代表粒子自身的思考,能够及时地向自身的最优解靠近,通常称该部分为"社会"部分;$c_2 r_2 (\text{gbest}_d - x_{id}^k)$ 则体现了粒子间信息共享的机制,称为"社会部分"。

公式中的三项共同决定了整个群体中各个粒子的空间搜索能力。社会心理学家通常使用桑代克(Thorndike)的"影响法则"来解释"认知"部分,使用班杜拉(Bandura)的"代理加强概念"来解释"社会"部分。如果一个随机的行为得到加强,就认为它在将来出现的概率将更大,同时认为该粒子是因为学习了正确的知识才被加强的,其误差也相对较小,这里所说的行为就是"认知"。对于"社会"部分,如果发现一个行为在模型里得到加强,将在后续迭代过程中刻意增大其出现的概率,使得该类粒子的优良行为被其他粒子所学习。

粒子群算法中没有可靠的理论机制,粒子在进化过程中可能出现速度过大或过小的现象,速度过大可能导致粒子跳出最优解区域,速度过小可能导致粒子搜寻范围过小,因此对粒子群中粒子的收敛速度进行限制($v_{\min} \leqslant v \leqslant v_{\max}$)。当粒子在搜索空间的某一维度上飞出问题解的搜索范围时,令它在该维度上等于搜索空间的上界或者下界。

群体中的所有粒子均由适应度函数 $f(x)$ 评价适应度值,求解最小优化问题 $f(x)_{\min}$ 时,个体极值 pbest$_i$ 根据 $f(\text{pbest}_i)$ 的大小按照下述规则进行更新:

$$\text{pbest}_i^{(k+1)} = \begin{cases} x_i^{k+1}, & \text{如果 } f(x_i^{k+1}) < f(\text{pbest}_i^k) \\ \text{pbest}_i^k, & \text{否则} \end{cases} \tag{6-32}$$

全局极值 gbest 则取所有个体极值 pbest$_i$ 中最优的进行更新。

基于这些心理学假设,粒子群算法可描述为:一群具有自我学习能力的粒子,整个群体实现最优进化是它们的共同目标。在认知进化过程中,每个粒子在坚守自己信念的同时充分考虑同伴的信念,并不断地学习同伴优良的信念,自发地适应群体的进化。图 6-57 表明粒子如何调整它的位置,☆表示最优位置。

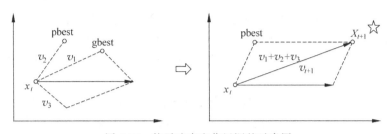

图 6-57　粒子速度和位置调整示意图

粒子群算法与产品意象造型设计的对应关系:

(1) 初始化。在 D 维问题解空间(产品造型设计的样本集空间)中随机产生粒子的位置(产品造型设计参数)与速度;

(2) 评价粒子。根据适应度函数(产品造型意象评价系统)计算粒子(产品造型)的适应度值(感性意象值);

(3) 更新最优。根据公式(6-32)更新个体最优值 pbest;比较每个粒子的个体最优值 pbest(各个样本进化过程中感性意象最高的样本)与全局最优值 gbest(整个样本集进化过程中感性意象最高的样本),若 pbest 优于 gbest,则 pbest 为新的 gbest;

(4) 更新粒子。根据公式(6-30)和公式(6-31)进行更新;

(5) 停止条件。如果不满足要求则重新评价粒子,直至满足终止条件(迭代次数)。

算法流程如图 6-58 所示。

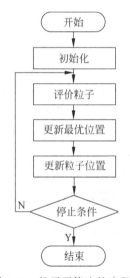

图 6-58　粒子群算法的流程图

6.4.2　标准粒子群算法

基本粒子群算法被提出以后,由于该算法搜索速度快,因此国内外的许多学者对此理论进行了深入研究。但该算法的最大缺点就是容易陷入局部最优,为此提出了很多的改进方法。史玉回(Shi)和埃伯哈特(Eberhart)经大量研究发现,公式(6-30)的第一项 v_{id}^k 由于其自身的随机性且缺乏记忆能力,有开拓搜索空间、探索新的解区域的趋势,因此能增强全局优化能力。在解决实际优化问题时,一般遵从"先发散,后收敛"的设计思维,首先利用发散思维进行全局搜索扩大问题解领域,增强解的多样性,实现全局搜索;其次利用收敛思维在该区域内进行更加精细的搜索,实现对问题解的评估,最终得到最优解。因此在之前速度 v_{id}^k 前乘以参数惯性权重 w,通过调整 w 的值来平衡全局和局部寻优能力。改进后算法的速度更新公式如下:

$$v_{id}^{k+1} = wv_{id}^k + c_1 r_1 (\text{pbest}_{id} - x_{id}^k) + c_2 r_2 (\text{gbest}_d - x_{id}^k) \tag{6-33}$$

6.4.3　粒子群算法的参数分析及设置

1. 惯性权重 w

此值在标准粒子群算法中的作用是平衡算法的全局与局部最优能力。实验发现,较大的惯性权重 w 对初始解的依赖性更少,有利于全局搜索能力的提升,较小的惯性权重倾向于局部对小区域进行精细搜索。相对于其他优化算法,粒子群算法的大多数粒子可能更快地收敛于最优值。

对于任何一个良好的优化算法应该具有以下特点:前期具有较强的搜索能力以增大问题解的多样性;后期具有较好的局部搜索能力以更加高效地获得问题的最优解。因此,惯性权重应该根据优化算法的需求而改变,通常将惯性权重设为随时间递减的函数,如公式(6-34)所示。

$$w = w_{max} - \frac{w_{max} - w_{min}}{k_{max}} \times k \tag{6-34}$$

其中,w_{max},w_{min} 为初始权重和最终权重;k 为迭代次数;k_{max} 为最大迭代次数。

依据公式(6-34),粒子群算法初始阶段倾向于开掘解区域,随着惯性权重的减小,逐渐转向于开拓局部区域。

在产品意象造型设计中,设计师在产品设计初期,需要利用发散思维尽可能多地构思产品造型,提高产品设计方案的多样性,需要在算法中设置较大的 w;而在产品设计后期,设计师需要运用收敛思维对产品设计方案的可行性进行评估,需要在算法中减小 w 的值,进行局部精细搜索。

2. 学习因子 c_1 和 c_2

在粒子群算法中,学习因子的作用是调节粒子向群体中较优粒子学习以使整体接近最优解区域。该算法的收敛性随着学习因子取值的增大而增大,通过调节学习因子的值,起到平衡局部和全局搜索能力的作用。在实际算法中,c_1 和 c_2 通常在 0~4 范围内取两个相同或相近的值。

在产品意象造型设计中,通过设置算法中学习因子的值,使得进化样本向个体最优样本和全局最优样本学习,提高了进化造型的感性意象值。同时通过增大学习因子的值,增强了算法的局部搜索能力,使得产品造型在感性意象较高的区域进行造型优化,提高了产品优化效率。

3. 最大速度 v_{max}

v_{max} 大小的设置直接影响着粒子的探索能力和对问题解搜索的充分程度,其表示在一次寻优过程中粒子的最大移动距离,其大小直接影响着算法的寻优能力。若 v_{max} 取值过大,粒子容易"飞过"最优解,增强了算法的计算时间,使得收敛性降低;若 v_{max} 的取值过小,粒子的开拓能力较强,但其容易陷入局部最优。通常在粒子群算法的优化问题中根据具体情况设定的 v_{max} 取值固定不变,而不需要对其进行细致的选择与调整。

在产品意象造型设计中,v_{max} 决定了产品造型设计参数在每一维度上的最大变化范围,要根据具体产品造型设定 v_{max}，以保证造型设计参数的最优组合，设计出感性意象较高的产品造型。

4. 群体规模 m

m 值越大，迭代过程中信息共享的个体就越多，协同搜索更能发挥群体进化算法的优势，增加算法的可靠性。然而群体规模过大会影响优化算法的迭代速度和收敛性。通常在选取粒子群体规模时，应综合考虑算法的可靠性和收敛性。对于一般问题 $m=50$ 就已足够，对于较复杂的问题可根据具体情况选取 $m>50$ 的群体规模。

在产品意象造型设计中，应选造型上具有代表性的产品作为种群样本，根据具体的感性意象要求，以及产品样本的维数选取规模适宜的样本进行进化。

6.4.4　基于多目标粒子群算法的产品意象造型进化设计流程

在多目标优化问题求解中非劣解和非劣解集是两个非常重要的概念。在多目标优化求解问题的可行域中存在一个问题解，如果不存在另一个可行解，使得一个解中的全部目标都劣于该解，则称该解为多目标优化问题的非劣解（non-inferior solution），称所有非劣解的集合为非劣解集。基于多目标粒子群算法的产品意象造型进化设计流程，如图 6-59 所示。

1. 初始化种群

初始化种群是指初始化样本种群的位置 $\boldsymbol{X}$ 和速度 $\boldsymbol{V}$，分别是

$$\boldsymbol{X}=\begin{bmatrix} x_1^1 & x_2^1 & \cdots & x_N^1 \\ x_1^2 & x_2^2 & \cdots & x_N^2 \\ \vdots & \vdots & & \vdots \\ x_1^M & x_2^M & \cdots & x_N^M \end{bmatrix}, \quad \boldsymbol{V}=\begin{bmatrix} v_1^1 & v_2^1 & \cdots & v_N^1 \\ v_1^2 & v_2^2 & \cdots & v_N^2 \\ \vdots & \vdots & & \vdots \\ v_1^M & v_2^M & \cdots & v_N^M \end{bmatrix}$$

其中，m 为粒子群算法中进行优化的调查样本个数，$m=1,2,\cdots,M$；n 为量化调查样本的造型设计参数维数，$n=1,2,\cdots,N$。

除了设定种群规模和产品造型设计参数的维数，在初始化阶段还需设定产品意象造型进化设计的相关参数，包括目标意象个数、惯性权重、学习因子、粒子的最大飞行速度和进化代数等。种群规模即调查样本的

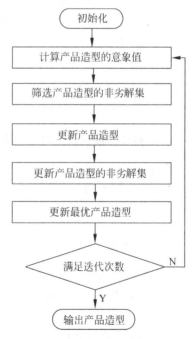

图 6-59　基于多目标粒子群算法的产品意象造型进化设计流程

个数，在产品意象造型设计中，设置较大值的种群规模有助于个体之间进行协同搜索，以提高产品造型进化设计方案的多样性，但会影响算法的运算速度及其收敛性。在实际问题中，依据用户感性需求设定目标意象。同时需要根据产品样本维数、迭代次数等设定种群规模的大小。设定大小适宜的惯性权重、学习因子和粒子的最大飞行速度以确保粒子群算法对产品方案的问题解空间进行全局搜索。

2. 计算适应度值

在产品意象造型设计中,产品的感性意象值(适应度值)根据实验的实际情况进行设置。产品意象造型评价系统的输入为初始化产品样本或更新产品样本的造型设计参数,输出为产品样本对应的预测意象评价值。

3. 筛选非劣解集

由于产品意象造型设计是多目标优化问题,存在较优样本之间无法确定优劣的问题,所以形成了非劣解集。筛选非劣解集分为初始筛选非劣解集与更新非劣解集两个部分。初始筛选非劣解集是在调查样本种群初始化后,由不受其他样本支配的所有样本形成非劣解集。更新非劣解集是当样本种群更新后,从新样本和当前非劣解集样本中筛选不受支配的样本形成非劣解集。

4. 更新粒子速度和位置

粒子的速度和位置按照公式(6-33)和公式(6-31)进行更新。公式(6-33)中的 w 为惯性权重,此值起着平衡全局最优能力和局部最优能力的作用,在进化初期系统进行全局搜索,w 取值较大,模拟发散思维;随着迭代次数的增加,算法逐渐在局部区域寻找解,w 取值减小,模拟收敛思维;r_1 和 r_2 为分布在[0,1]区间的随机数,这两个参数用来保持种群的多样性,体现了设计思维的多向性特征;c_1 和 c_2 为学习因子,其使样本种群具有自我总结和学习的能力,从而向个体最优值以及全局最优值靠近,体现了设计思维的综合性特征。

5. 更新个体最优样本和全局最优样本

更新个体最优样本是指从当前更新后的样本以及历史个体最优样本中选择支配样本,当这两个样本都不是支配样本时,从中随机挑选一个样本作为新的个体最优样本。更新全局最优样本是指从非劣解集中随机挑选的一个样本作为新的全局最优样本。

6. 实例分析

本实例以人们关注度极高而又感性意象比较丰富的轿车作为研究对象,应用粒子群算法建立产品意象造型进化设计系统。

1)汽车意象造型进化设计系统

(1)汽车造型进化设计中的目标意象。本实例从"动感""时尚""大气""流线""稳重"和"个性"6个感性意象词汇中选出"动感"和"大气"两个感性意象作为产品进化设计的目标感性意象。

(2)初始参数设置。设定产品意象造型进化设计的相关参数,包括种群规模、粒子维数、惯性权重、学习因子、粒子的最大飞行速度和目标意象个数等。依据前文的分析,种群规模即初始种群中粒子的个数设定为50。在研究过程中,为了体现系统的产品智能演变能力,选择50个形态迥异的产品样本作为初始种群。粒子维数根据产品造型的复杂程度具体确定。

惯性权重、学习因子、粒子的最大飞行速度根据促进产品造型进化设计方案的多样性而设定。其中,设计师通过进化设计系统界面根据设计需求随时调整惯性权重、学习因子和粒子的最大飞行速度。系统的目标函数为两个经由产品造型设计参数训练的基于 SVR 的产品造型意象评价系统("动感"和"大气")。

本实例应用 MATLAB 语言编制基于粒子群算法的产品意象造型进化设计系统,系统操作界面如图 6-60 所示。

图 6-60　汽车轮廓意象造型进化设计系统

设计师通过该进化设计系统的"目标意象"对话框定义产品感性意象。本实例选择"动感"和"大气"作为产品造型进化设计的目标意象并通过复选框对其进行定义。在感性目标意象定义之后,该系统将自动调用"动感"和"大气"两目标意象所对应的基于 SVR 建立的产品造型意象评价系统。

设计师通过该进化设计系统的"进化参数"对话框设置学习因子、惯性权重、最大飞行速度和迭代次数,如图 6-60 所示。在该进化设计系统运行的前期,可通过较大的惯性权重来进行全局搜索以保证产品设计方案的多样性;随着系统的运行,设计方案逐步接近预期目标,则通过较小的惯性权重进行局部搜索来保存优良个体。

利用本实例开发的汽车意象造型进化设计系统对汽车造型进行进化设计,根据图 6-60 所示选择目标意象、设定进化设计系统的相关参数,单击"进化操作"按钮展示部分汽车造型形态,如图 6-61 所示。

汽车意象造型进化设计的部分程序如下:

```
% 初始化参数
Dim = 20;                        % 粒子维数
xSize = 50;                      % 种群规模
MaxIt = 20;                      % 迭代次数
c1 = 2;                          % 学习因子
c2 = 2;                          % 学习因子
wmax = 1.2;                      % 初始权重
```

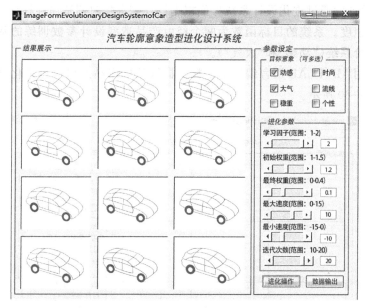

图 6-61 汽车轮廓意象造型进化设计结果

```
wmin = 0.1;                                    % 最终权重
vmax = 10;                                     % 最大速度
vmin = - 10;                                   % 最小速度
% 产生初始粒子和速度
load('zhuanhuanshuju');
for i = 1:xSize
        x = A;
end
v = zeros(xSize,Dim);
% 计算初始种群的适应度值
load svm_donggan model;
for i = 1:50
        [predict_donggan(i)] = svmpredict(tt_donggan(i),xx(i),model);
        F1(i) = predict_donggan(i)';
    end
load svm_daqi model;
    for i = 1:50
      [predict_daqi(i)] = svmpredict(tt_daqi(i),xx(i),model);
      F2(i) = predict_daqi(i)';
    end
% 初始筛选非劣解
for i = 1:xSize
    flag = 0;
    for j = 1:xSize
        if j~ = i
            if ((F1(i)< F1(j)) && (F2(i)> F2(j))) ||((abs(F1(i) - F1(j))< tol)...
                    && (F2(i)> F2(j)))||((F1(i)< F1(j)) && abs(F2(i) - F2(j))< tol))
                flag = 1;
                    break;
                end
```

```
            end
        end
        if flag == 0
            fljNum = fljNum + 1;
            flj(fljNum,1) = F1(i);flj(fljNum,2) = F2(i);
            fljx(fljNum,:) = x(i,:);
        end
    end
% 循环迭代
for iter = 1:MaxIt
        w = wmax - (wmax - wmin) * iter/MaxIt;
        s = size(fljx,1);
        index = randi(s,1,1);
        gbest = fljx(index,:);
        for i = 1:xSize
v(i,:) = w * v(i,:) + c1 * rand(1,1) * (xbest(i,:) - x(i,:)) + c2 * rand(1,1) * (gbest - x(i,:));
            v(i,find(v(i,:)> vmax)) = vmax;
            v(i,find(v(i,:)< vmin)) = vmin;
            x(i,:) = x(i,:) + v(i,:);
            x(i,find(x(i,:)> xmax)) = xmax;
            x(i,find(x(i,:)< xmin)) = xmin;
        end
end
```

2）结果验证

从进化设计结果中选取 4 个产品造型，结合两个目标感性意象（动感和大气），基于甘肃工业设计网站制作 5 级调查问卷，并进行问卷调查。产品造型与调查问卷结果如表 6-26 所示。

表 6-26　产品造型及其感性意象值

样　　本				
动感	0.6742	0.8365	0.6834	0.5722
大气	0.7210	0.8186	0.8666	0.6383

由表 6-26 可知，4 个进化样本的"动感"和"大气"两个目标感性意象调查值均大于 0.5，即 4 个样本同时具有"动感"和"大气"两个感性意象。该调查结果说明，基于粒子群算法的产品意象造型进化设计系统是可行的，并能在一定程度上模拟设计师发散思维和收敛思维的设计思维模式。

6.5　形态耦合优化设计

在设计产业高速发展的今天，以用户为中心的设计思想已成为普遍的设计认知。设计过程中，产品原型作为产品最初的形式，可以体现用户的初始需求，但随着消费者认知与审美能力的不断提升，对产品的情感需求与审美认知也日趋复杂。因此，在产品设计中需以消费者认知为基础，深入挖掘消费者的心理原型与情感需求，以此进行产品意象造型设计。对于产品设计过程中要素间相互制约与协调的内隐关系,需要探讨构成产品的各设计要素间的耦合关系问题。

耦合是一个源自物理学的概念,表示两个或两个以上的体系或运动形式之间通过各种相互作用而彼此影响的一种现象[57]。以协同学的出发点来看,耦合性及其要素间的协调程度决定了系统在达到临界点后的走向与趋势。耦合度实际上就是用来反映系统或者要素彼此间相互作用、相互影响程度的度量。通过对系统或系统中要素间彼此持续发展、和谐共生关系过程的度量,可以确定系统由无序向有序的进化程度。在产品造型设计中,通过对造型设计要素的形状、体量等视觉元素的设计改变,可获得不同的造型表现力。而造型设计中的设计要素间的基本构成概念、方式和特征都存在着耦合性[58]。构成产品最终设计要素的形式、造型、功能及意象感知等设计要素间都存在着多场耦合问题,通过对此探讨研究可更好地完成产品设计优化。

耦合作为近年来的研究热点问题,在产品耦合中的系统配置、功能结构及认知等方面的研究日益增加,但在产品意象造型设计中的形态耦合度度量、耦合机制等研究内容相对较少。据此,将根据产品设计中耦合特性的相关研究,进一步量化形态设计要素间的耦合度,通过对消费者的意象认知与造型偏好进行测试,分析得出产品的形态耦合机制,构建形态要素组合间的耦合评价指标体系,指导后续的产品细化设计研发。

在探索形态耦合优化设计中,借助原型实验可快速获得消费者对目标产品的感性认知与情感需求,使用形态融合获得目标意象下的产品原型设计方案,通过认知分析量化消费者对产品形态的感性认知与造型偏好的规律,获得产品形态耦合机制,以此指导并优化设计,完成产品意象原型形态设计方案的细化,研究流程如图 6-62 所示。

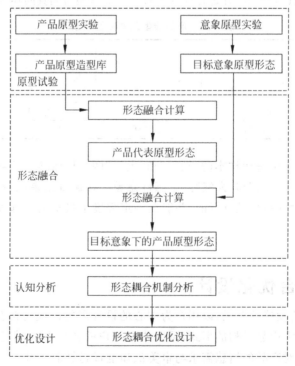

图 6-62　形态耦合设计流程

6.5.1 原型实验

消费者初次面对新产品时,会习惯性地借助其知识储备中已有的经验对产品进行认知判断,这种经验与消费者的认知原型息息相关。通过原型实验可获取消费者认可的意象原型与产品原型,从而在设计中比较准确地体现消费者的感性认知与情感需求。

1. 产品原型实验

本实验以香水瓶造型设计为研究案例,以在校学生为受试人群进行实例研究。

此次产品原型实验,邀请设计专业的研究生 36 人参与(受试者作为设计专业的研究人员,可视为设计师;同时部分受试者因有购买及使用香水的经验行为,可作为消费者)。在不告知研究目的的情况下,要求受试者绘制香水瓶原型的草图。实验中为了避免干扰,受试者被集中至安静的教室内进行草图绘制,同时为了避免对受试者产生任何影响或启示,保证在教室内受试者看不到也接触不到任何与香水瓶有关的信息内容。绘制过程不受时间限制,最后统一收集。

为保证实验的有效性,受试者需了解并遵守以下实验协议:

(1) 受试者需绘制一幅能准确地表达自己脑海中认可的香水瓶原型图像的草图;

(2) 受试者只需画出造型轮廓,无需绘制任何内部细节;

(3) 受试者只需绘制正视图,无需绘制透视图;

(4) 允许受试者在绘图过程中进行擦除和修改;

(5) 使用规格统一的 A4 草图纸进行绘制。

实验完成后共收集到 36 张香水瓶的原型草图,剔除相似草图最终获得 32 个原型形态样本,对其进行二次处理后进行编号,建立香水瓶的原型造型库,如图 6-63 所示。据此,得到符合消费者与设计师基本认可与需求的香水瓶原型造型库。

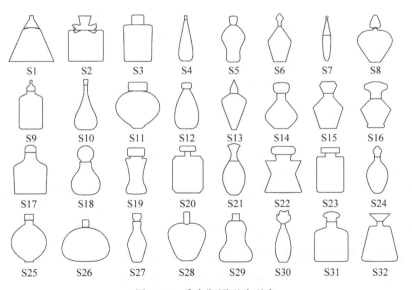

图 6-63 香水瓶原型造型库

2. 意象原型实验

通过对产品样本所包含的属性信息进行分析,从香水瓶的网络反馈、消费者评价与销售广告中收集到描述香水瓶的感性词汇 86 个,经过初步归纳整理后得到 54 个感性意象词库,如表 6-27 所示。

表 6-27　香水瓶感性意象词库

高雅	简约	迷人	中性	闪亮	精致
美丽	复杂	妩媚	利落	魅惑	俏丽
华丽	温暖	激情	知性	灵秀	纤细
高贵	纯净	优雅	独特	诱人	协调
浮夸	清新	性感	神秘	创意	活泼
奢华	古典	甜蜜	惊喜	时尚	小巧
流畅	现代	活力	沉稳	传统	可爱
不羁	规则	柔美	节奏	馥郁	潮流
单调	昂贵	装饰	艺术	别致	耀眼

经过小组讨论后,选取最具代表性和认可度的 16 个意象词汇,结合 5 级语义差分法词汇制作相似度调查问卷,统计调查结果并进行均值计算,构建 16×16 的词汇相似度矩阵,如表 6-28 所示。

表 6-28　香水瓶意象词汇相似度调查结果

	知性	清新	性感	可爱	华丽	温暖	甜蜜	时尚	高贵	简约	活力	神秘	别致	创意	独特	惊喜
知性	5.00	2.00	2.75	1.25	1.50	1.50	2.00	1.25	1.75	2.00	1.25	1.75	1.75	1.25	1.75	1.00
清新	2.00	5.00	1.00	2.50	1.25	2.00	2.00	2.00	1.50	2.75	2.00	1.50	1.25	1.75	2.25	1.25
性感	2.50	1.00	5.00	1.75	1.50	1.25	2.25	2.50	1.75	1.25	2.25	2.25	2.25	1.00	1.50	1.75
可爱	1.25	2.25	1.75	5.00	1.00	3.50	2.50	1.75	1.25	2.50	2.50	1.00	2.00	2.00	1.50	1.50
华丽	1.50	1.25	2.00	1.00	5.00	1.00	1.75	2.00	3.50	1.00	2.00	1.50	2.75	1.75	1.75	1.25
温暖	1.50	2.00	1.25	3.75	1.00	5.00	3.25	1.50	1.25	1.00	2.25	1.75	1.25	2.00	1.50	1.25
甜蜜	2.00	2.00	2.25	2.75	1.75	3.25	5.00	1.25	1.00	1.25	2.25	1.00	1.25	1.25	1.25	2.00
时尚	1.00	1.75	2.75	1.75	2.00	1.50	1.25	5.00	1.75	2.50	1.75	1.50	2.50	2.25	2.75	1.50
高贵	2.00	1.50	1.75	1.25	3.50	1.25	1.00	1.75	5.00	1.00	1.25	2.00	2.50	1.25	1.50	1.00
简约	1.75	2.75	1.25	2.50	1.00	1.00	1.25	2.50	1.00	5.00	1.25	2.00	1.75	2.00	1.75	1.00
活力	1.25	2.00	2.50	3.00	2.00	2.25	2.25	1.75	1.25	1.25	5.00	1.75	1.00	2.00	2.25	1.75
神秘	1.75	1.50	2.25	1.00	1.50	1.75	1.00	1.50	2.00	2.00	1.75	5.00	1.75	1.75	2.75	2.50
别致	1.25	1.25	1.75	2.00	2.50	1.25	1.00	2.50	2.50	1.75	1.00	2.25	5.00	3.25	3.50	3.00
创意	1.25	1.75	1.00	2.00	2.00	1.75	1.00	2.25	1.25	2.00	2.00	2.50	4.00	5.00	3.50	2.75
独特	1.50	2.25	1.50	2.00	1.75	1.50	1.25	2.75	1.50	1.75	2.25	2.25	3.25	3.25	5.00	3.00
惊喜	1.00	1.25	1.75	1.50	1.00	1.50	2.50	2.00	1.00	1.00	2.00	3.50	3.25	2.50	3.00	5.00

使用 SPSS 软件进行调查数据的聚类分析,设定分类数为 5 类,每个类别从集群中心选择距离最近的词汇作为感性意象的代表,分别得到香水瓶的 5 个代表性意象为:"性感""清新""独特""温暖"和"高贵",如表 6-29 所示。

表 6-29　香水瓶意象词汇分类

第一类	第二类	第三类	第四类	第五类
知性	**清新**	时尚	可爱	华丽
性感	简约	神秘	**温暖**	**高贵**
		别致	甜蜜	
		创意	活力	
		独特		
		惊喜		

以"高贵"作为设计目标意象,调研能代表消费者心目中"高贵"意象的产品。通过调研得到的产品有:钻石、月牙、香槟杯,小提琴、女士晚礼服、珠宝首饰、玉玺、王冠、钢琴、茶具、高跟鞋和跑车等,选取认可频次较高的产品制作意象看板。意象看板是设计中常用的一种设计表达工具,可用于设计过程中的灵感与创意启发。主题看板是通过设计师收集可以表达目标意象的相关产品造型,从而对消费者目标意象需求进行明确表达,如图 6-64 所示。

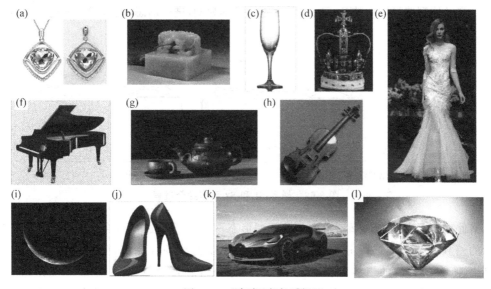

(a)　(b)　(c)　(d)　(e)
(f)　(g)　(h)
(i)　(j)　(k)　(l)

图 6-64　"高贵"意象看板

针对此"高贵"意象看板对消费者认知进行再次调研,最后根据投票选出最能代表"高贵"意象的原型为英国君主的加冕王冠。如图 6-64(d)所示,以此作为"高贵"意象的设计原型,对其进行形态提取,如图 6-65 所示。

6.5.2　形态融合

形态融合是将两个或两个以上的物体,变换为继承原始物体形状特征的中间物体的过程,又称为形态均化法[59]。形态融合技术可通过融合源物体的形状特征,构建两个或多个形体间的自然过渡,实现形态之间的均化演变过程。

图 6-65　"高贵"意象原型形态

　　运用形态混合算法对原型造型库中的产品形态进行融合计算,以此获得产品的代表原型形态,对产品代表原型形态与目标意象形态继续进行形态融合计算,最终获得目标意象下的产品原型设计形态。此处混合算法使用 NURBS 曲线的拟合形态轮廓,采用最小距离进行控制点间的匹配;并通过加权平均法生成中间形态序列,从而实现均值形态。该算法稳定可靠、实时性强,融合计算时可避免形态匹配过程中产生畸形变变,较好地保留原曲线的细节特征[60]。算法过程包括数据预处理、匹配、等比例映射和插值 4 个步骤。本实验中实现控制点的匹配后,应用公式(6-35)的加权平均法计算出中间形态的控制点坐标进行插值,以生成新的形态结果。

$$q = \lambda \times q_1 + (1 - \lambda) \times q_2 \tag{6-35}$$

其中,q 为新生成形态的控制点;q_1 和 q_2 为两个原始形态轮廓的控制点;λ 为插值权重,取值范围为$(0,1)$。为实现形态的均化,形态融合计算 λ 的取值为 0.5。

1. 获得产品代表性原型形态

　　以产品原型造型库中的 S1 和 S2 两个原始样本为例,进行形态融合计算,其过程如图 6-66 所示。

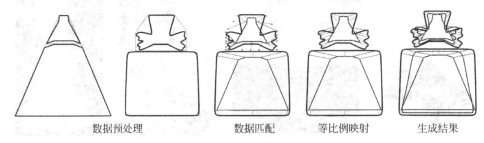

数据预处理　　　　数据匹配　　　　等比例映射　　　　生成结果

图 6-66　样本 S1 和 S2 形态融合过程

　　据此对产品原型造型库中的 32 个原型形态两两分组后进行融合计算,以曲线控制点数量的差异性为原则进行分组(同组中的两个形态曲线的控制点必须数量不一致)。以此得出 16 个融合后的二级原型形态,继续进行分组融合计算,得出三级原型形态、四级原型形态……通过形态的逐级两两均化,最后可获得一个产品的最终代表原型形态,过程如图 6-67 所示。

　　通过形态的融合平均最终获得香水瓶造型的代表原型形态,其结果如图 6-68 所示。

2. 产品意象原型设计

　　产品意象原型设计是将感性意象原型信息加以量化来对原型形态进行再设计的方法。以产品的意象原型形态作为目标形态,与代表原型形态进行形状混合来获得中间形态,使其既具有意象原型形态特征的同时也包含代表性原型形态的特征。

　　因此,针对目标意象原型的王冠形态与代表原型形态,使用最小距离的 NURBS 曲线形态混合算法进行融合计算,得出具有"高贵"意象的香水瓶原型造型设计结果,如图 6-69 所示。

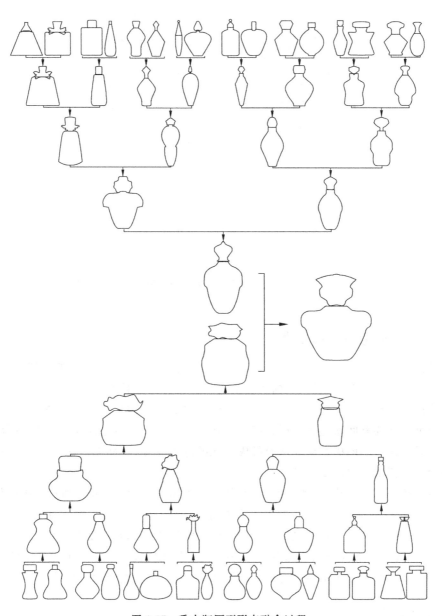

图 6-67 香水瓶原型形态融合过程

图 6-68 香水瓶代表原型形态

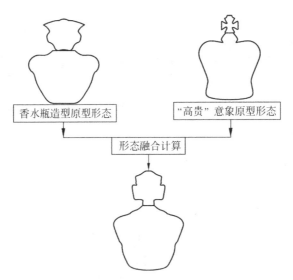

图 6-69　"高贵"意象的香水瓶原型造型设计过程及结果

6.5.3　形态耦合机制

形态耦合指两个或两个以上的形态系统之间的相互作用、相互影响的现象,广泛存在于产品造型设计中。在产品设计中,构成要素之间存在相互依赖与制约的多场耦合现象。而产品意象造型所传递出来的情感信息部分需要通过其构成的形态要素来进行表达,把产品设计中造型设计要素间通过各自形态产生相互作用与影响的现象定义为产品的形态耦合。造型设计元素通过不同搭配组合从而形成不同的意象感知,不同的形态要素耦合间的细微差异也会影响消费者的认知差异。

产品形态要素之间相互影响、相互制约的程度可用耦合度来衡量。通过分析产品形态元素之间的耦合度,探讨形态组合搭配之间的协调与制约关系。研究消费者对形态耦合匹配的心理认知,使消费者对产品的主观认知感受与形态耦合相统一,且造型设计要素组合间协调兼容。从产品形态之间的耦合机制出发,深入分析产品形态间耦合关系,在形态耦合方面探索各设计要素之间的搭配组合,确保目标产品各设计要素间达到消费者的认知平衡协调。

1. 形态描述

使用频谱分析法进行产品的形态描述可以将产品的视觉特征表示为不同频率的信号信息,这种信号不能通过视知觉直接被消费者接收,但通过频谱分析可以捕捉到被消费者视觉所忽视的细节信号,从而间接地影响着消费者对产品的细微认知。经过频谱分析的预处理、形态信号提取、信号标准化和傅里叶转换 4 个步骤,最终获得产品形态的傅里叶系数并进行形态描述。形态信号按傅氏系数展开:

$$r_g(t) = \sum_{m=-\infty}^{\infty} a_m e^{-2\pi i m t} \qquad (6\text{-}36)$$

其中,$t = k/N (k = 0, 1, 2, \cdots, N-1)$,表示在产品形态上第 k 个点的位置,对应极坐标为 $(\theta_g(t), r_g(t))$。

由傅里叶转换可得到傅里叶系数：

$$a_m = \frac{1}{N}\sum_{k=0}^{N-1} r_g(k) \mathrm{e}^{-2\pi imt/N} \tag{6-37}$$

其中，a_m 表示各次谐波的幅值，$m=0,1,2,\cdots,N-1$。

实验中样本图像为 200×200 像素点，采样点 N 取值为 512。通过公式(6-36)、公式(6-37)最终获得形态要素的傅里叶系数，对意象原型设计形态频谱分析的过程及结果如图 3-4 所示。

通过视觉比较，选取前 32 个傅里叶系数的幅值进行产品形态的描述。因此，提取"高贵"意象的香水瓶原型形态样本瓶身和瓶盖形态的傅里叶系数，得到意象原型设计中瓶盖与瓶身形态的频谱信号，如表 3-1 所示。

2. 耦合计算

通过形态特征间的余弦相似度量化形态要素间的耦合度。利用形态频谱分析得出的傅里叶系数作为形态特征数值，建立形态的空间特征向量，设瓶盖的形态特征向量为 $\boldsymbol{T}_i$，瓶身的形态特征向量为 $\boldsymbol{B}_i$。根据"高贵"意象原型设计形态样本的频谱分析得出的傅里叶系数，构建出瓶身与瓶盖的形态特征向量为

$$\boldsymbol{T}_i = \begin{bmatrix} T_0 \\ T_1 \\ T_2 \\ \vdots \\ T_{31} \end{bmatrix} = \begin{bmatrix} 6.214\ 646\ 852\ 686\ 91 \\ 0.051\ 323\ 536\ 832\ 73 \\ 0.023\ 909\ 309\ 013\ 65 \\ \vdots \\ 0.002\ 663\ 180\ 173\ 10 \end{bmatrix}$$

$$\boldsymbol{B}_i = \begin{bmatrix} B_0 \\ B_1 \\ B_2 \\ \vdots \\ B_{31} \end{bmatrix} = \begin{bmatrix} 9.432\ 287\ 850\ 080\ 77 \\ 0.006\ 643\ 289\ 620\ 26 \\ 0.009\ 085\ 601\ 391\ 44 \\ \vdots \\ 0.000\ 426\ 077\ 491\ 21 \end{bmatrix}$$

通过公式(6-38)计算两形态向量之间夹角 α 的余弦值，然后以反余弦得出向量间的夹角来量化其形态间的耦合度。

$$\cos\alpha = \frac{\boldsymbol{T}_i\boldsymbol{B}_i}{|\boldsymbol{T}_i||\boldsymbol{B}_i|}, \quad i=0,1,2,\cdots,31 \tag{6-38}$$

据此计算得出"高贵"意象原型设计形态的瓶身与瓶盖间的耦合度为 42.41°。

3. 耦合机制分析

在产品形态细化设计中，需重点考虑设计要素间的相关性与协调性等耦合特性，将造型设计要素耦合成优良样本，以符合消费者视觉认知偏好及感性需求。产品形态设计要素彼此独立又互相依存、相互匹配的同时共同影响着产品的整体形象。形态要素间耦合度过低会影响产品形态的整体协调性，而耦合度过高则会超出消费者的认知感受，引起感性认知造型偏好的下降。产品形态的细微变化会通过消费者的视觉感知影响消费心理。

通过对已有香水瓶造型的认知偏好和"高贵"意象评价进行消费者问卷调查，可量化分析形态耦合度，得出香水瓶造型的造型偏好-耦合度和意象值-耦合度间的关系，见图 6-70。

图中的黄线代表造型偏好与耦合度的关系,蓝线代表"高贵"的意象值与耦合度的关系。形态耦合度在 39.5°~54° 和 65.5°~67.5° 区间时,消费者的意象认可与造型偏好出现明显波峰。该范围内产品意象认可度与造型偏好度,均能较高程度地满足消费者的心理需求,且形态耦合度在 50.9° 附近时,消费者的综合感受可达到全局最佳状态。

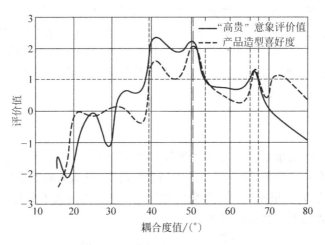

图 6-70　香水瓶意象值、造型偏好度与形态耦合度间的关系

对于"高贵"意象原型设计形态,其瓶身与瓶盖形态间的耦合度为 42.41°,处于形态耦合的较优区间,但与耦合最佳值仍有一定差距,因此后续还将展开形态耦合优化设计。

6.5.4　形态耦合优化设计

产品形态耦合优化设计是在消费者意象认知的基础上,应用遗传算法全局寻优的特性,以形态设计要素为对象,以形态耦合机制为适应度,来优化意象原型的设计方案。应用 MATLAB 构建耦合优化设计系统,见图 6-71,将香水瓶"高贵"意象原型设计形态作为耦合

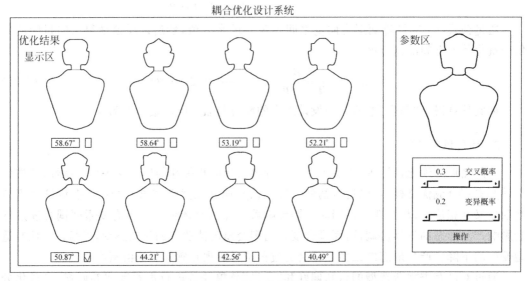

图 6-71　耦合优化设计系统

优化设计系统的初始样本,对其进行形态耦合优化,使形态要素间的耦合度逐步逼近消费者意象认可的最优值。此过程模拟设计师在形态设计过程中的收敛思维,通过选择、交叉和变异生成形态丰富的进化种群,以耦合机制对进化种群进行优选,最终实现形态的细化设计。

经过4代优化后得到耦合最优样本,其形态耦合度为50.87°。选择输出最优样本形态,最终的香水瓶耦合优化设计结果见图6-72。

图6-72 香水瓶耦合优化设计结果

产品形态设计中要素间的协调与匹配,是产品细化设计阶段需要考虑的关键问题之一。本节以香水瓶的意象造型设计为例,从消费者的情感认知出发进行原型实验,获得了产品造型设计原型与目标意象原型,并通过形态混合算法生成具有目标意象的产品原型方案。从产品形态要素间的耦合特性出发,对消费者的感性认知与造型偏好进行调查,解析获得产品形态的耦合机制。据此对产品设计原型进行细化设计,实现形态要素间的协调匹配,使其更符合消费者的审美认知需求。

6.6 产品仿生形态进化设计

形态仿生设计是结合生物和自然界物质的形、色、结构、功能和意象,并对其进行提取、概括、夸张,有选择地融入目标产品的设计中,使产品更加生动、人性化的一种设计方法[61],其目的是寻求突破创新的产品形式。在产品设计领域,设计师以自然为师,在设计创意阶段获得更多原创设计灵感,仿生设计过程也是将情感融入产品的编码过程。产品仿生设计以其生动的造型语言、蕴含的文化内涵,大大提升了产品的附加值,在很大程度上推进了设计的发展,丰富了设计的种类。

产品仿生设计作为一种重要的设计方法被广泛使用,但也存在着仿生造型设计不当的现象,这就导致仿生设计只是完成简单的形态效仿,而脱离功能、结构和语义等约束因素,使仿生产品刻板而缺乏说服力。成功的形态仿生能够借助造型语义内涵来传达丰富的产品信息,包括通过造型设计传达与产品自身相关的信息的外延性语义,及使产品在使用情境中传递出心理性、社会性和文化性等象征价值的内涵语义,而不是简单的形态借用[62]。对于仿生产品,原生形态的抽象程度越高,符号性就越强,但过于抽象易造成认知模糊,难以引起情感共鸣[63],这也直接影响到相关信息的有效表达。仿生设计过程中,应充分考虑产品造型语义能指与所指的合理性,目前产品形态仿生过程多为设计师根据直觉定性进行,缺乏准确性。因此,仿生设计最关键的问题不再是适合生产,而是如何做到仿生的准确性和有效性,即准确建立仿生产品与生物体造型语义认知的匹配性,为设计中的适度问题提供理性约束。

针对以上分析,笔者探索性地提出了一套基于认知耦合的产品仿生形态进化设计方法,从意象认知和形态认知两种认知角度入手,分别利用意象尺度和拓扑理论建立相应的耦合评价模型,对仿生对象确立和仿生对象形态特征分析、提取进行理性约束,结合"猴王遗传算法"在自动生成仿生形态的同时,继承具有认知识别性的特征要素,以企鹅-水壶仿生为例,验证该方法的可行性,从而为仿生形态设计研究与实践提供新的思路和方法。

为了更好地在定量层面控制产品形态仿生设计,进而快速地获得多种方案,运用拓扑知觉理论和"猴王遗传算法"构建出产品仿生形态进化设计方法,研究的具体流程如图6-73所示。

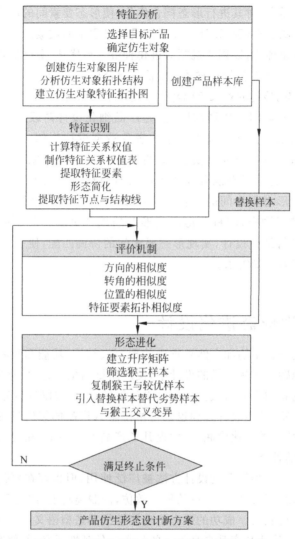

图 6-73　产品意象形态仿生进化设计研究流程

6.6.1　特征分析

拓扑学(Topology)原意为地貌,可译为"位置的几何学"[64]。约翰·本尼迪克特·利斯廷(Johann Benedict Listing)1847 年根据希腊文 τόπος 和 λόγος("位置"和"研究"),提出 Topology 名词;莫里斯·勒内·弗雷歇(Maurice René Fréchet)在 1906 年引进了度量空间的概念;费利克斯·豪斯多夫(Felix Hausdorff)定义了比较一般的拓扑空间,这也是用公理化方法研究连续性的一般拓扑学产生的标志;苏联学派、波兰学派对拓扑空间分离性、紧性、连通性等基本性质做了系统的研究;从 20 世纪 30 年代中期起,经过布尔巴基学派的补充和整理(一致性空间、仿紧性等),一般拓扑学趋于成熟。

拓扑学研究主要集中在数学领域,是数学中重要的几何分支,其研究内容主要为拓扑空间在拓扑变换下的不变量和不变性质(拓扑性质),拓扑性质只考虑物体间的位置关系而不考虑形状、大小等[65]。从欧式性质到拓扑性质,范围变小,但性质逐渐增强。国内外许多专家学者针对拓扑理论展开了大量研究,历经多年的研究发展,拓扑学作为基础学科已经应用于数学外的其他学科领域,如地图学、地理学、建筑学、艺术学(雕塑)等。拓扑学与各学科之间互相影响、互相渗透、互相促进,众多研究成果也对本文产生重要启示。

在艺术学领域,主要利用拓扑性质中的部分特性,如连通性与紧致性,进行形态的美学鉴赏。李雁教授[66]基于拓扑相关理论,分析、解读了摩尔的圆雕艺术作品,并指出具有拓扑性质的形态具有重要的美学价值;柴文娟[67]将拓扑定义为代表事物情感属性表现的"力"的图示,以及对拓扑性质建立与人类认知心理相关的联系。

在研究形态仿生设计时,可依据拓扑性质知觉理论,识别事物从整体到局部,在识别过程初期,通过感知大范围的拓扑性质产生心理认知,因此"整体"概念可理解为对象的拓扑性质。在拓扑学研究中,拓扑性质指几何图形在拓扑变换下的不变性质,其主要关注图形间的位置关系。

1. 分析仿生对象拓扑结构

仿生对象的拓扑结构可理解为进化过程中形态具有稳定识别范式的组织结构,分析仿生对象拓扑结构有助于整体把握其形态特征。对于仿生设计,对象的形态应具备认知共性,所以依据能够体现生物形态主要特征的常用摄影角度确定常态角度,拓扑结构的划分参考生物形态学对常见动植物按纲属的划分实现的[68],例如,鸟纲的物理拓扑结构为头部、颈部、躯干、下肢、翼部、尾部等。

2. 建立仿生对象特征拓扑图

拓扑结构可分为物理拓扑结构和逻辑拓扑结构。逻辑拓扑结构是认知过程中思维的稳定范式,如总线形、星形、环形及树型等。树型结构由整体到局部的分析模式更符合一般人的认知顺序,有利于寻找自身目标,因此本书运用树型结构建立仿生对象特征拓扑图。

拓扑图的层级按照认知中仿生对象形态特征的稳定性进行排序:第一层级为受众知觉所把握的整体组织(F),即生物原型形态;第二层级为显著特征结构(E),即易建立起形态认知的生物局部特征结构,如牛角、象鼻等;第三层级为生物纲属的主要拓扑结构(A_n);第四层级为生物二级特征结构(B_n),表示以每个拓扑结构特征为整体,与同纲具有普遍认知性的"标杆生物"相比较而具有自身形态特点的局部特征;第五层级为生物三级特征结构(C_n),表示与同科"标杆生物"相比较而具有自身形态特点的细节特征,具体如图 6-74 所示。

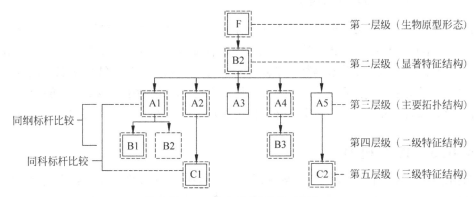

图 6-74 仿生对象特征拓扑图

6.6.2 特征识别

利用拓扑权值概念计算仿生对象各形态特征的结构关系关联度，以识别其特征要素与非特征要素。特征要素指在视知觉整体识别中易建立起形态认知的拓扑结构特征，非特征要素指形态中具有普遍认知的拓扑结构特征。本书以仿生形态轮廓线作为研究对象，通过计算拓扑权值提取特征要素中的特征节点与特征结构线。

1. 计算特征拓扑关系权值

利用拓扑性质形式化描述拓扑关系[69]，其特征拓扑关系划分见表 6-30。

表 6-30　特征拓扑关系及权值

拓扑关系语义划分	形式化定义	拓扑权重
相离（Disjoint）	两目标边界和内部没有共同部分	1
相邻（Touch）	两目标有比本身更低维的公共部分，且该公共部分为 A 或 B 的边界	2
相交（Cross）	表示两目标有比其本身更低维的公共部分，且该公共部分非边界	3
包含（In）	如果目标 B 的内部和边界均在目标 A 的内部，则称 A 包含 B	4
相等（Equal）	目标边界和内部相同	5

特征拓扑权值[70]由公式（6-39）计算。

$$S(ip, mq) = \sum_{k=m}^{j} Ik \times \lambda \times Mk(ip, mq)$$

$$Ik = 2^{k-1}; \quad \lambda = 1/(2^{\Delta k}) \tag{6-39}$$

$$(i, m, j \in N; \; i \leqslant m \leqslant j; \; i, m, j \leqslant Q, Q \text{ 为最高层数})$$

其中，i、m 分别表示特征对象 p、q 所在层级；k 表示层级；$Mk(ip, mq)$ 表示从 m 层到 j 层 ip 与 mq 的总拓扑权值；$Mk(ip, mq)$ 指 ip 与 mq 在第 k 层的拓扑权重；Ik 为第 k 层的层级系数；λ 为衰减系数；Δk 表示 ip 与 mq 间隔的层数。

根据拓扑权值计算结果，可直观地得出仿生对象特征及特征关系在整体认知中的重要程度，拓扑权值较高的结构要素为仿生形态的特征要素。设计过程中通过保留主要特征、删除权值较低的次要特征，以及采用平滑混合方式修整轮廓线完成形态的简化。

2. 提取特征节点与特征结构线

产品形态设计中常用轮廓特征线表达物体形态及其构造方式，特征线由若干特征节点构成。特征节点为物体轮廓转折处或特殊的细节特征处[71]，对特征要素中的每一个节点进行拓扑权值计算，筛选出权值较高特征节点以构成特征结构线。特征结构线能够代表仿生对象原型形态，是仿生对象拓扑结构中具有较高识别稳定性的组织结构。在产品仿生设计中，保持特征结构线的拓扑结构相似，有助于保持仿生对象特征的认知性，进而有效展开形态设计。

6.6.3 评价机制

与仿射性质、射影性质、欧式性质等局部几何性质相比，拓扑性质发生在视知觉过程的早期且具有更强的稳定性，因此拓扑结构差异会对认知产生很大影响。在产品仿生形态设计中，保持良好的特征识别性,就需要保持拓扑结构的稳定性。根据拓扑性质关注特征间位置关系的特性,利用拓扑相似度模型,计算产品形态与仿生对象特征结构线中各特征节点结构关系与分布状况的相似程度[72],进而量化两者之间的认知距离,在定量层面对匹配过程进行控制。

拓扑相似度(topology similarity, TSIM)通过拓扑结构距离(topology structural distance, TSDIS)来衡量[73],TSDIS 选择如下三项指标:方向相似度 $D_d(L_a, L_b)$、转角相似度 $D_a(L_a, L_b)$、位置相似度 $D_l(L_a, L_b)$。L_a、L_b 分别为仿生对象特征结构线和产品特征结构线,结构线 L_a 由 $P_{a1}, P_{a2}, \cdots, P_{an}(1 \leqslant a_1 \leqslant a_2 \leqslant \cdots \leqslant a_n)$ 结构段组成,比对时需对 L_a、L_b 所有段依次进行比较。

1. 方向的相似度

方向相似度是指相对于结构线 L_a、L_b 在运动趋势上的偏转程度,如图 6-75 所示,计算公式为(6-40)。

$$D_d(L_a, L_b) = \begin{cases} \min(\|L_a\|, \|L_b\|) \cdot \sin(\alpha), & 0 \leqslant \alpha \leqslant 90° \\ \min(\|L_a\|, \|L_b\|), & 90° < \alpha \leqslant 180° \end{cases} \quad (6\text{-}40)$$

其中,α 表示结构段的方向夹角;$\|L_a\|$、$\|L_b\|$ 为两结构线分段长度。

方向信息比较中,两个结构段的方向相同且夹角 α 较小时相似性较高,这时 $D_d(L_a, L_b) \approx 0$。两个结构段的方向相反且夹角 α 较大时相似性较低,这时 $D_d(L_a, L_b)$ 数值为较短结构段长度。

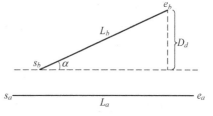

图 6-75 方向相似度比较

2. 转角的相似度

转角的相似度反映了结构线内部的转折变化特征,转角对比过程如图 6-76(a)所示。结构段转角如图 6-76(b)所示,结构转角 β 为相邻结构分段的转向角,反映了结构段的转折趋势,数值由结构段的转折方向来决定,规定外向转角 β_1 为正,内向转角 β_2 为负。相邻结构分段在采样特征节点处的夹角为 ϕ,u、v 为其邻边,w 为其对边。ϕ、β 由公式(6-41)、公式(6-42)计算,则转角相似度由公式(6-43)计算。

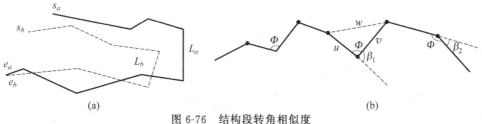

图 6-76 结构段转角相似度

(a) 转角对比;(b) 结构段转角示意

$$\varphi = \arccos[(u^2 + v^2 - w^2)/2uw] \quad (6\text{-}41)$$

$$\beta = \begin{cases} \pi - \varphi, & \bar{u} \times \bar{v} \geqslant 0 \\ \varphi - \pi, & \bar{u} \times \bar{v} < 0 \end{cases} \quad (6\text{-}42)$$

$$D_a(L_a, L_b) = \frac{\sum_1^{\min(P(L_a), P(L_b))}(\mid \beta_a - \beta_b \mid / \mid \beta_a \mid + \mid \beta_b \mid)}{P(L_a) + P(L_b)} \tag{6-43}$$

其中,$P(x)$表示结构线中特征点的个数。若两结构线每个转角都匹配,则$D_d(L_a, L_b)$为0,若每个转角互为相反方向,即两条结构线呈对立锯齿状,则$D_d(L_a, L_b)$为1。

3. 位置的相似度

位置的相似度是通过 Hausdorff 距离公式来衡量结构线的位置相似程度,由公式(6-44)计算。

$$\left. \begin{aligned} D_a(L_a, L_b) &= \max(h(L_a, L_b), h(L_b, L_a)) \\ h(L_a, L_b) &= \max_{m \in L}\{\min_{n \in L}[E(m, n)]\} \end{aligned} \right\} \tag{6-44}$$

其中,$h(L_a, L_b)$为L_a、L_b的直接 Hausdorff 距离,即L_a中的点到最近L_b中的最大距离;$E(m, n)$表示点之间的欧式距离。

4. 拓扑相似度

生物体和对应产品特征结构线的拓扑结构距离 $\mathrm{TSDIS}(L_a, L_b)$由公式(6-45)计算,拓扑相似度 $\mathrm{TSIM}(L_a, L_b)$由公式(6-46)计算。

$$\mathrm{TSDIS}(L_a, L_b) = D_d(L_a, L_b) \times \frac{1}{3} + D_a(L_a, L_b) \times \frac{1}{3} + D_l(L_a, L_b) \times \frac{1}{3} \tag{6-45}$$

$$\mathrm{TSIM}(L_a, L_b) = 1 - N[\mathrm{TSDIS}(L_a, L_b)] \tag{6-46}$$

其中,$N(x)$为距离的归一化函数。

$\mathrm{TSIM}(L_a, L_b)$体现了结构线L_a、L_b拓扑结构之间的相似程度,因此其值越大表示结构线L_a、L_b越相似,反之越不相似。本书利用拓扑相似度模型评价目标产品与仿生对象的形态认知耦合度,并以此作为进化设计中的适应度函数,筛选出形态相似度较高的仿生产品方案。

6.6.4 形态进化

许多产品形态设计以形态改良设计为主,其核心是以成功实例为基础解决新问题。这些都可以通过基于遗传算法的产品形态进化设计来实现。本节选择猴王遗传算法进行形态进化设计。

猴王遗传算法是仿照自然界中猴群竞争产生猴王,猴王在猴群中拥有基因遗传绝对优先权的模式,提出的一种针对连续非线性规划的新的遗传算法[74]。其主要思想是依据目标函数对种群的点建立升序矩阵,排在最前面的点即为猴王点(最优点),将猴王点与少部分次优点复制至下代种群,从样本库中抽取新的样本替代较劣点,保证种群染色体的多样性。将猴王点依次与其他点产生交叉变异,形成要求的新点,将这些点加入下代种群,直至满足种群规模 N。在下代种群中重复上述排序、复制、引入变异染色体和交叉变异过程。若干代后计算,一般能搜索到全局最优解附近。根据生物学的背景,猴王遗传算法的步骤可以描述为以下几步[75]:

（1）生成数目达到预定的种群规模 N 的初始种群，计算初始种群中各点的目标函数值，升序排列得到升序矩阵。

（2）设复制概率为 r，将上代升序矩阵中前 k 个点直接复制到下代种群，得到下代种群的前 k 个点，余下的个体进行淘汰。

（3）对上代升序矩阵中的点，以猴王点为中心，进行交叉变异，产生下代种群，并产生新一代猴王点。

（4）从第二代开始，设引入的变异染色体在种群中所占份额为 rb，将上代升序矩阵中排在后面的 $ib=rb \cdot N$ 个较劣点用随机产生的新点置换后，再重复前述复制、交叉变异过程。

（5）经过若干代后，如果满足需求，输出结果，停止运行，否则转至（4）。

应用猴王遗传算法，将最优（猴王基因）及次优样本复制至下一代种群中，余下的个体进行淘汰并引入替换样本，将子代与猴王基因交叉、变异，获得新一代种群，这样既保留了其特征基因，又保证了染色体的多样性。本节利用猴王遗传算法，建立仿生形态进化设计系统，以拓扑相似度最高的实例作为猴王产品，使子代产品与仿生对象保持较高的拓扑相似性，实现能够较快地为设计师提供多样化产品仿生形态设计方案的目标。猴王遗传算法具体过程如图 6-77 所示。

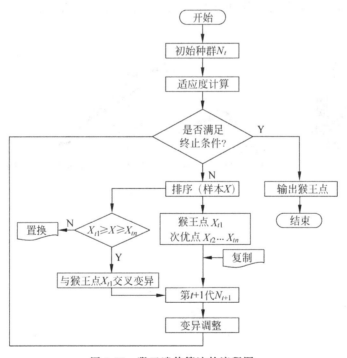

图 6-77　猴王遗传算法的流程图

6.6.5　实例研究

为验证上述方法的可行性，以水壶壶身的仿生形态设计为例进行探究。通过对水壶各形态要素特征进行解析，选择与其具有一定形态相似性的企鹅为仿生对象。通过各种渠道进行设计调查，建立生物体图片库，收集现有企鹅仿生水壶代表性样本，建立仿生产品样本库，如图 6-78 所示。

图 6-78 仿生产品样本库

首先确定企鹅的常态角度为"站姿-侧视"。然后依据认知稳定性绘制树型企鹅特征拓扑图:第一层级为企鹅整体形态;第二层级企鹅无"显著特征",因此无第二层级;企鹅属鸟纲,则第三层级为鸟纲主要拓扑结构;第四层级与鸟纲"标杆生物"鸽子进行比较,如图 6-79 所示,企鹅在头部、翼部、尾部特征及躯干与下肢的拓扑关系上具备特征性,可进一步划分喙部、蹼部局部特征;第五层级与同科"标杆生物"麻雀进行比较,无更多细分特征,因此无第五层级。综上,企鹅的特征拓扑图主要分为三层:生物原型形态、主要拓扑结构、二级拓扑结构,如图 6-80 所示。

企鹅   同纲标杆生物:鸽子   同科标杆生物:麻雀   企鹅拓扑结构

图 6-79 标杆生物与生物拓扑结构

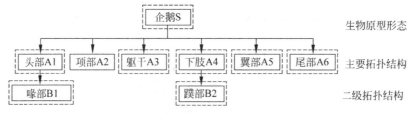

图 6-80 企鹅特征拓扑图

根据特征拓扑图,计算企鹅特征的拓扑权值,见表 6-31。

表 6-31 企鹅特征拓扑权值

总权值	A1	A3	A4	A5	A6	B1	B2
A1	20	12	12	12	12	9	6
A3	12	20	16	14	16	11	11
A4	12	16	20	12	12	6	9
A5	12	14	12	20	12	11	11

续表

总权值	A1	A3	A4	A5	A6	B1	B2
A6	12	16	12	12	20	11	11
B1	9	11	6	11	11	15	7
B2	6	11	9	11	11	7	15
特征关系	A3、A4	A3、A6	A3、A5	A4、A5	A4、A6	A1、A3	A1、A4
拓扑权值	16	16	14	12	12	12	12

根据企鹅特征关系拓扑权值大小判断,企鹅形态结构中主要特征关系为 A3、A4(躯干与下肢)、A3、A6(躯干与尾部),次要特征关系为 A3、A5(躯干与翼部),特征要素为主次要特征关系中共有特征 A3(躯干)。

可依据拓扑权值进一步简化特征结构,增设辅助线修整轮廓线,对蹼部与尾部特征进行平滑混合,如图 6-81(a)所示。对主要特征关系躯干与下肢、躯干与尾部轮廓线,在其轮廓转折处或特殊的细节特征处选择相同数量征节点,计算节点的拓扑权值见表 6-32,特征节点如图 6-81(b)所示。躯干与下肢轮廓线的特征节点权值之和较大,因此视其为特征结构线。

表 6-32　节点拓扑权值

特征节点	A3、A4(躯干与下肢)							A3、A6(躯干与尾部)						
	1	2	3	4	5	6	7	8	9	10	11	12	13	14
拓扑权值	12	20	16	29	35	35	29	16	20	16	20	16	20	12
权值之和	176							120						

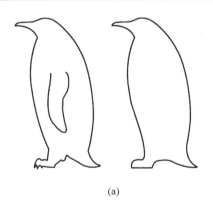
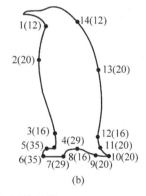

图 6-81　形态特征简化与节点拓扑权值

从仿生产品样本库中挑选 8 个产品,水壶样本结构线如图 6-82 所示,对生物特征结构线与水壶样本相应部位结构线进行拓扑相似度比较,根据拓扑相似度模型得到方向相似度矩阵 D_{d1}、转角相似度矩阵 D_{a1}、位置相似度 D_{l1}、拓扑相似度 T_1 四个矩阵。

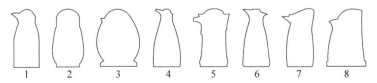

图 6-82　水壶样本结构线

$$\boldsymbol{D}_{d1}=\begin{bmatrix}1.4317 & 0.8461 & 1.2147 & 1.3622 & 1.2936 & 1.3400 & 1.3556 & 0.8362\end{bmatrix}$$

$$\boldsymbol{D}_{a1}=\begin{bmatrix}3.4247 & 3.6829 & 4.0070 & 3.8739 & 3.6052 & 3.8502 & 4.3014 & 3.4434\end{bmatrix}$$

$$\boldsymbol{D}_{l1}=\begin{bmatrix}34.6302 & 31.2570 & 33.9779 & 36.3551 & 26.4745 & 34.7212 & 35.3276 & 29.5677\end{bmatrix}$$

$$\boldsymbol{T}_{1}=\begin{bmatrix}0.7760 & 0.7627 & 0.7659 & 0.7713 & 0.7633 & 0.7699 & 0.7653 & 0.7637\end{bmatrix}$$

由拓扑相似度矩阵 $\boldsymbol{T}_1$，与企鹅形态拓扑相似度最高的为 1 号样本，为 0.7760；拓扑相似度最低的为 2 号样本，为 0.7627；则依据拓扑相似度评价，1 号仿生样本与企鹅形态的认知耦合度最高。

在形态优化设计方面，由于躯干与下肢结构线是企鹅形态中具有认知识别性的特征基因，根据猴王遗传算法的机制，将与企鹅形态耦合度高的样本保留，使子代保留识别基因，同时特征节点发生交叉变异，交叉概率和变异概率由人工设定，经过自定义代数产生新的仿生形态设计方案。

在系统形态进化模式下，以企鹅仿生建立产品仿生形态进化设计系统。根据拓扑知觉理论，识别出企鹅形态中的易建立形态认知的特征结构线为躯干与下肢，对生物特征结构线与水壶产品相应部位结构线，利用拓扑相似度模型评价两者形态耦合度，并将其作为遗传算法系统中的目标函数，将各代种群中的样本按目标函数结果的大小排序，用以筛选猴王样本。

系统界面初始显示样本库中的 8 个样本，在相似度计算模式下，对生物特征结构线与水壶产品相应部位结构线进行拓扑相似度比较，根据拓扑相似度模型得到 $\boldsymbol{D}_{d1}$、$\boldsymbol{D}_{a1}$、$\boldsymbol{D}_{l1}$、$\boldsymbol{T}_1$ 四个矩阵，拓扑相似度计算界面见图 6-83，形态进化时依次筛选初始种群中最优猴王基因和次优基因。

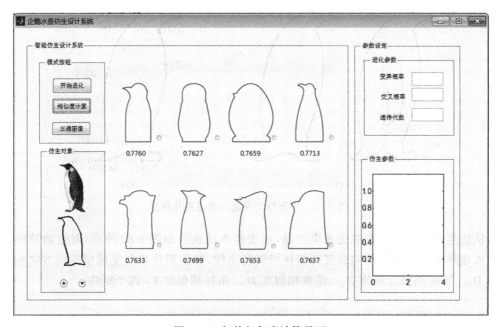

图 6-83　拓扑相似度计算界面

在系统形态进化模式下，设计师依其需求从样本库中选择其中 8 个作为初始种群，选择"开始进化"模式按钮，系统依据形态耦合度矩阵，最大值样本为初始种群中最优即猴王基因,设置猴王遗传算法进化机制劣势样本占比为 0.25,形态耦合度排在 2～6 位的样本作为次优复制到下一代种群中,得到下一个种群中的 6 个子代个体,余下的个体进行淘汰,并从仿生产品样本库中引入新样本。进化至自定义代数,产生的新形态可作为产品形态仿生设计方案,如图 6-84 所示。界面中仿生参数表示每代种群中猴王形态耦合度,呈明显上升趋势,表明特征要素得以保留并且耦合度不断提高,验证了该方法的可行性。设计师可选择其中一款进行深入设计。同时,界面中仿生参数表示每代种群中猴王拓扑相似度,呈明显上升趋势,也验证了该方法的可行性。

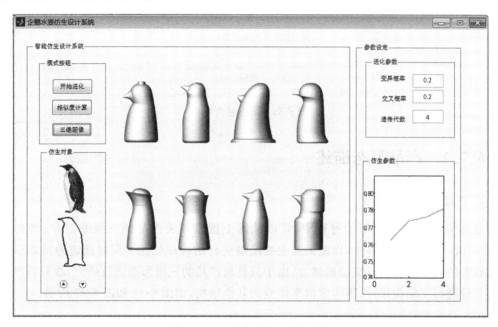

图 6-84　企鹅水壶仿生设计系统

6.7　形态融合创新设计

　　近年来,随着技术的迅速发展和市场竞争的愈发激烈,产品设计和开发的方式各不相同,在产品造型设计中最有效的方法是基于消费者的要求做创新设计,能够了解消费者的产品喜好以及帮助他们建立更加愉悦的产品造型是设计师和制造商面临的新挑战[76]。对此,产品的造型形态在调动消费者情感上占据了非常重要的地位。一个产品形态所传达的情感往往比较单一,而消费者在购买一种产品时,往往更加青睐于形态丰富的产品,这就需要设计师能够设计出具有多种形态的产品,以此来满足消费者对于多产品形态所产生的情感需求。

　　基于以上背景,本节提出一种新的算法,以消费者情感意象需求为出发点,挖掘三维产品的情感意象,选出三维意象产品形态,运用球面调和映射对三维产品形态进行描述[77],包括对产品进行网格划分和球面参数化,将两种产品形态进行融合,实现在两个三维产品之间形态的转变,以此来产生具有多种意象的产品形态,达到丰富产品形态及意象的目的,形态融合流程如图 6-85 所示。

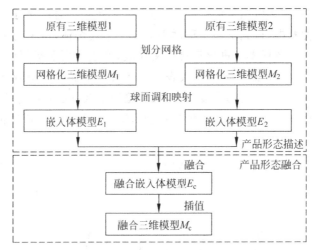

图 6-85　形态融合流程

6.7.1　产品形态描述

1. 产品三维模型建立

在建立产品三维模型的过程中,可以从网上搜索相关产品的三视图图片,将其导入Solidworks 三维建模软件中,以此来对三维模型进行结构设计。下面对选定的两款形态差异比较大的汽车样本进行模型的建立,由于只是对产品的三维形态进行研究,故只对汽车模型的车身进行了结构设计,不考虑汽车模型的其他结构,如图 6-86 和图 6-87 所示。

图 6-86　汽车样本模型 1

图 6-87　汽车样本模型 2

2. 产品三维形态表面数据结构

为了将产品的三维形态量化,得到产品的表面数据结构,可以将产品形态表面划分为由一些三角网格面组成的曲面。网格划分是描述产品形态必不可少的一步,对于后续产品形态的融合也异常重要,网格划分质量的好坏也直接影响到融合形态的失真程度。作为一种有限元方法,对产品进行网格划分主要包含两点:第一,它将连续的模型转化成离散模型。因此,网格划分可以将问题转化为求解若干个有限的未知域,这些未知域可以利用近似数值技术来求解。第二,要想得到网格划分的最终解,可以对一组单元进行定义,利用定义的简单多项式函数来求解。因此,为了得到产品三维模型的表面数据结构,必须先对产品三维模型进行三角网格化,生成网格化的三维模型 M,划分三角网格面的算法[78]如下:

（1）对三维实体模型各边单元 L_e 进行离散化处理,得到每个单元棱边的节点,再对三维实体模型运用 Delaunay 三角化,形成最初的 Delaunay 三角单元。假定某一个三角形的单元边长为 l_{1i}、l_{2i}、l_{3i},若初始的三角形单元满足下式,则将其划分为能够生成新节点的三角单元 T,否则为不能生成新节点的三角单元 F:

$$\min(l_{1i},l_{2i},l_{3i}) \leqslant 2L_e$$

$$\max(l_{1i},l_{2i},l_{3i}) \geqslant \alpha\sqrt{3}L_e \tag{6-47}$$

其中,α 表示控制系数,在计算过程中可取 $0.8\sim1.0$。

(2) 令 X 表示三角形单元 T 的个数,从 T 中选取新节点 N_n 的最佳节点,并由下式生成边 A:

$$A = \min_{i=1}^{X}\min_{j=1}^{3} |L_{ji} - \sqrt{3}L_e| \tag{6-48}$$

其中,L_{ji} 表示第 i 个三角形的第 j 条边。

假定由最佳新节点生成的边 A 在二维平面内的两个端点坐标分别为 (x_1,y_1) 和 (x_2,y_2),则由下式可以计算 N_n 的二维坐标:

$$x_n = (x_1+x_2)/2n\sqrt{L_e^2-(l_1/2)^2}(y_2-y_1)/l_1$$

$$y_n = (y_1+y_2)/2n\sqrt{L_e^2-(l_1/2)^2}(x_2-x_1)/l_1 \tag{6-49}$$

其中,$l_1 = \sqrt{(x_2-x_1)^2+(y_2-y_1)^2}$。

将公式(6-49)的坐标拓展到三维空间,就能够得到一个新的节点,再对新的节点采用 Delaunay 三角化处理,就可以形成新的 Delaunay 三角单元,运用上述计算方法交替循环,就能够对三维模型上的各个平面进行三角剖分。在平面内得到的节点可以将其表示为三维模型的平面边界节点集。

(3) 对边界的节点集执行拓扑和几何不相容性检验,然后采用 Delaunay 四面体剖分方法生成初始的四面体单元。假定△ABC 表示其生成的三角形平面之一,其中新节点 N 的生成示意图如图 6-88 所示。

△ABC 的外接圆半径为 r,当各边单元尺寸 $L_e < r$ 或者包含△ABC 的四面体单元的尺寸比较接近 L_e 时,将这些平面划分为可以生成节点的平面 TY,否则为不可生成节点的平面 TN。在 TY 内满足下式即为最佳节点生成的面:

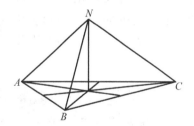

图 6-88　新节点生成示意图

$$\min_{i=1}^{x}(|d_i - L_e/2|) \tag{6-50}$$

其中,m 表示可生成新节点的 TY 个数;d 表示新节点 N 到△ABC 的距离。

$$d = \sqrt{L_e^2-r^2} \tag{6-51}$$

新节点 N 的位置为

$$(x_n,y_n,z_n) = (x_0,y_0,z_0) \pm d_n \tag{6-52}$$

其中,(x_0,y_0,z_0) 为△ABC 的外接圆圆心;n 表示平面 ABC 的单位法向量。

在计算过程中,最佳生成面可生成两个新的节点,需选取包含在实体内部的新节点。

(4) 验证全局最佳新节点 N 的可行性。将 N 插入新模型之后,会产生一个插入多面体,此多面体将点 N 包围,设该插入多面体的顶点为 $N_1,N_2,\cdots,N_m$,若满足下式的条件则

N 即可当成新节点：

$$\left| N_i \mathop{N}\limits_{i=1}^{m} \right| \geqslant 0.8 L_e \tag{6-53}$$

（5）运用 Delaunay 四面体剖分的方法，对插入的新节点生成最佳四面体单元，这样循环下去就可完成三维产品模型的网格划分。由于在生成网格的过程中充分考虑了模型的几何特征，要让网格达到合理的要求，一般只需要对模型进行几次迭代优化即可完成。

基于以上算法对两个汽车样本模型划分三角网格，如图 6-89 和图 6-90 所示。在后续对产品模型进行球面调和映射的过程当中，由于参数化的对象只是针对零亏格网格的三维模型，所以为了保证球面参数化的过程能够顺利进行，必须对汽车样本模型进行封闭处理，以此来获得封闭的网格模型 M。

图 6-89　汽车样本网格化模型 1　　　　图 6-90　汽车样本网格化模型 2

然后，提取产品三维模型表面数据结构。将产品的三维模型划分三角网格之后，其由三角网格面组成的几何拓扑结构为产品三维形态的表面数据结构。为了使网格化的产品模型文件转化为程序软件可识别的文件类型，以便获取模型的表面数据结构，可以将网格化产品的三维模型导入到 Rhinoceros 软件中，调整模型三视图到合适的位置，如图 6-91 所示。模型表面几何拓扑结构包括坐标原点 $(0,0,0)$、表面节点和三角网格面，节点的记录包括该点的空间直角坐标 (x,y,z) 和点的识别号；三角网格面的记录包括三个点的识别号和面的识别号。

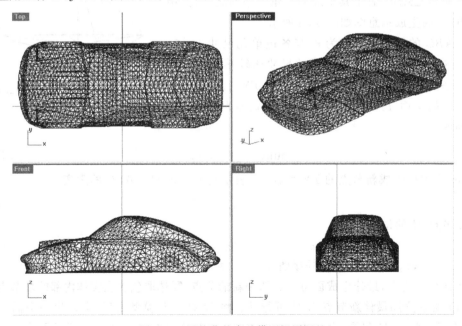

图 6-91　网格化的产品模型视图调整

基于以上方法,两款汽车样本模型的表面数据结构如表 6-33 和表 6-34 所示。

表 6-33　汽车样本模型 1 的表面数据结构

点	x	y	z	面	标识号		
1	0.246	0.233	−0.394	1	1	10 206	973
2	0.105	−0.041	−0.439	2	2	4557	4098
3	0.192	0.050	−0.357	3	3	71	5769
4	0.338	0.167	−0.527	4	3	4148	71
5	−0.362	0.214	−0.420	5	4	4056	9486
6	0.318	−0.020	−0.402	6	4	9486	9488
7	0.316	−0.019	−0.400	7	4	9488	1793
8	0.316	−0.018	−0.399	8	6	7	10 012
⋮	⋮	⋮	⋮	⋮	⋮	⋮	⋮
10 434	−0.283	0.050	−0.404	20 864	10 434	6244	6242

表 6-34　汽车样本模型 2 的表面数据结构

点	x	y	z	面	标识号		
1	−0.115	0.127	−0.339	1	1	6479	6075
2	−0.120	0.236	−0.375	2	1	6480	6479
3	0.234	0.240	−0.424	3	1	6850	6580
4	−0.116	0.235	−0.375	4	3	1895	740
5	−0.129	0.236	−0.376	5	4	2	1097
6	−0.129	0.239	−0.377	6	4	20	2
7	−0.121	0.240	−0.378	7	4	1097	241
8	−0.226	0.109	−0.495	8	5	2	19
⋮	⋮	⋮	⋮	⋮	⋮	⋮	⋮
10 554	0.054	0.005	−0.371	21 104	10 554	10 553	9465

从表 6-33 和表 6-34 可以看出,汽车样本模型 1 的数据结构包含 10 434 个点和 20 864 个三角网格面,汽车样本模型 2 的结构数据包含 10 554 个点和 21 104 个三角网格面,由此确定了两款汽车样本模型的表面数据结构。

3. 产品三维形态球形调和映射

基于球面调和映射,对网格化的产品三维形态进行球面参数化,由此生成三维模型的嵌入体模型 E_1 和 E_2。球面参数化建立了从三维网格曲面到参数域(单位球面)的一个连续均匀的映射,其过程主要在极坐标下进行,令 θ(纬度)和 ϕ(经度)表示参数空间极坐标,x,y,z 表示笛卡尔空间坐标。对于每一个点的两个极坐标 θ 和 ϕ 分两步来确定。在此过程中,选取两个点作为极点,在空间直角坐标系中,我们选择空间坐标 z 为最大和最小所对应的点作为此过程的两个极点。极坐标 θ 和 ϕ 确定如下:

(1) 纬度的确定。纬度 θ 由 0(北极点)平稳地增长到 π(南极点)。θ 不是一个自由变量,而是研究中试图寻找的一个未知函数,它与模型的位置有关。对于每一个节点(除了两个极点),为了指定所需的纬度属性值 θ,在满足边界条件 $\theta_{\text{north}}=0,\theta_{\text{south}}=\pi$ 的前提下,我们采用相应的连续拉普拉斯方程 $\nabla^2\theta=0$ 来求解。其方法可类比为物理中的热传导:我们将南极点的温度加热到 π,将北极点的温度冷却到 0,之后需要温度平稳地分布在热传导表面上。通常在离散情况下,每一个节点的纬度值(除两个极点外)必须等于邻近节点纬度的平均值,然后通过求解一个稀疏对称线性方程组 $A\theta=b$,其中 A 为 n 阶矩阵,n 为节点个数,$\theta=(\theta_0,\theta_1,\cdots,\theta_{n-1})^{\text{T}}$,$b$ 是一个 n 维常向量。由于边界条件提供了两个方程,所以此方程组共有 $n=n-2$ 个方程未知。应用边界条件 $\theta_0=\theta_{\text{north}}$,$\theta_{n-1}=\theta_{\text{south}}$,该线性方程组化成 n 阶线性系统 $A\theta=b$,其中 $A'=[a_{1,1},a_{1,2},\cdots,a_{n,n}]$ 是一个对称矩阵,$\theta=(\theta_0,\theta_1,\cdots,\theta_{n-1})^{\text{T}}$。

该方法有一个重要的特性,纬度 θ 两极点之间持续单调变化,根据最大值原理,θ 没有局部极值点。

(2) 经度的确定。与纬度 θ 不同的是,经度 ϕ 是一个循环的参数。从北极往下看,当沿着球面逆时针运动时,经度 ϕ 一直单调递增,但是必须有一个位置让经度返回到 2π。一个球体上的经度参数是在南极和北极之间运行的不连续的线段,阶梯高度是 2π。这就好比地球上每一个点的当地时间,日期变更线是间断的 24 个小时,选择哪一条日线无关紧要,只需将两极点连接起来。从西向东与日线相交的值由 2π 递减到 0,而从东向西的值递增到 2π。在形成的网状结构中,去除两个极点和所有与极点连接的线段,可以得到管状的拓扑网格结构,在这种情况下,两极点的经度仍然不确定。为了解决这种离散问题,同样采用循环拉普拉斯方程 $\nabla^2\theta=0$ 来求解一个线性方程组,这个新的线性方程组在结构上和纬度相同。通常情况下,在经度方程组系统中,只有 6 个对角项的值和纬度不同,即每个极点对应三个邻近点的值不同。

由于方程组具有周期性的边界条件,可以通过增加周期来定义 ϕ。此线性方程组是相互关联的奇异系统,为了使其常规化,我们必须指定一个点的经度值。我们任意指定方程 $2\phi_1=0$,并将此方程添加到线性方程组的第一行。

基于以上算法,对于模型中的每一个点,我们计算了纬度 θ 和经度 ϕ,由此建立了从三维模型表面到单位球面的一个连续均匀的映射。映射的结果是在面上的每个点 r 和一对球面坐标 θ 和 ϕ 之间的一个双映射,表达如下:

$$r(\theta,\varphi)=(x(\theta,\varphi),y(\theta,\varphi),z(\theta,\varphi))^{\text{T}} \tag{6-54}$$

其中,$\theta\in[0,\pi]$,$\phi\in[0,2\pi]$,并且满足:

$$x^2(\theta,\varphi)+y^2(\theta,\varphi)+z^2(\theta,\varphi)=1 \tag{6-55}$$

当自由变量 θ 和 ϕ 在整个单位球面上运动时,r 在产品三维形态的整个表面运动,由此构建了从产品三维形态表面到单位球面的一一映射。

基于球面调和映射算法理论,对选定的两款汽车模型表面进行球面参数化,生成汽车模型的球面嵌入体模型,如图 6-92 所示。其中,图 6-92(a)为汽车样本模型 1 的球面嵌入体模型 E_1,图 6-92(b)为汽车样本模型 2 的球面嵌入体模型 E_2。球面上的点与三维网格面上的点都是一一对应的,由此建立了从三维曲面到单位球面的连续均匀映射,生成了球面嵌入体模型。这两个嵌入体模型分别与其产品三维模型有着相同的连接性,也就是保持了点、线、面的相对关系。

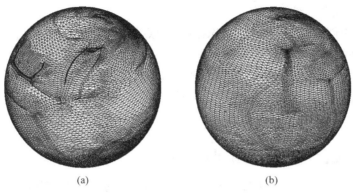

图 6-92 汽车模型的球面嵌入体模型

(a) 样本模型 1；(b) 样本模型 2

6.7.2 产品形态融合

对于网格化的源模型 M_1 和目标模型 M_2，首先通过其嵌入体模型来建立二者之间点的对应关系，然后通过插入这些点的对应关系来生成融合模型形态中所有点的三维位置，并进行检验，最后创建融合嵌入体三角网格面。

(1) 点的对应关系。对于球面嵌入体模型 E_1 和 E_2 上的每一个点，计算其在三维模型表面 M_1 和 M_2 上对应的三维位置。首先计算 E_1 上的每一个点 v_m^1 在 M_2 上的三维位置，其中 v_m^1 表示 E_1 上任意点的位置。由于 E_1 和 E_2 上的所有点都位于同一空间直角坐标系下，可以计算出 v_m^1 位于 E_2 的一个面 $f=\{i,j,k\}$ 内部，其中 $\{i,j,k\}$ 表示 E_2 上的三个点 v_i^2、v_j^2、v_k^2 所形成的一个三角面。令 v_m^1、v_m^2 分别表示 v_m^1 在三维模型 M_1 和 M_2 上对应的三维位置，计算出 v_m^1 在面 f 上的重心坐标 (u,v,w)。由于 E_1 和 E_2 保持了 M_1 和 M_2 的拓扑结构，利用重心坐标，E_1 上的每一个点 v_m^1 在 M_2 上对应的三维位置 v_m^2 可以计算如下：

$$V_m^2 = uV_i^2 + vV_j^2 + wV_k^2 \tag{6-56}$$

其中，$u+v+w=1$。

然后计算 E_2 上的每一个点 v_n^2 在 M_1 上的三维位置，其中 v_n^2 表示 E_2 任意点的位置。令 V_n^1、V_n^2 分别表示 v_n^2 在三维模型 M_1 和 M_2 上对应的三维位置，同样的，对于 E_2 上的每一个点，可以计算其在 M_1 上对应的三维位置 V_{mn}^1、V_{mn}^2。

基于以上算法，可以对 M_1 和 M_2 上的点进行拓展，以此来减小形态的失真。构建矩阵 $V_{mn}^1=[V_m^1, V_n^1]^T$，$V_{mn}^2=[V_m^2, V_n^2]^T$，其中 V_{mn}^1、V_{mn}^2 分别表示拓展后 M_1 和 M_2 上所有点的三维位置，由此建立了两个产品模型上所有点的对应关系。

(2) 插值。在建立了源模型和目标模型的一一对应关系之后，利用得到的每个对应点，采用线性插值方法实现从源模型 M_1 到目标模型 M_2 中产品形态的转变。对于任意插值点 $t\in[0,1]$，融合模型中各个点的位置计算如下：

$$V_{mn}^c = (1-t)V_{mn}^1 + tV_{mn}^2 \tag{6-57}$$

其中，$V_{mn}^c(mn=1\cdots N^c)$ 表示融合的嵌入体模型 E_c 中点 v_{mn}^c 对应的三维位置；N^c 表示 E_c 中点的个数。

(3) 检验。检查 E_1 和 E_2 的线与线之间是否存在相交，若存在相交，则将这两条相交线沿着交点处分成两条线段。

(4) 在 E_c 中创建三角网格面。首先将每一个点和与这个点相连的所有线段逆时针排列，然后通过两条连续的线段 $e_i = \{i, k\}$ 和 $e_j = \{j, k\}$ 可以生成一个新的三角面 $f_c = \{i, j, k\}$。如果在点 j 和点 k 之间没有线段，则在这两点之间创建一条新的线段 $\{j, k\}$，并将其添加到线段的列表当中。一直持续这个操作，直到 E_c 中每条线段的两侧都包含一个三角网格面，则创建了 E_c 中的三角网格面。

6.7.3 融合产品的三维形态展示

运用计算机图形用户界面(GUI)来对产品形态进行展示。GUI 能够在计算机屏幕上对产品进行视觉感受和互动操作，它结合美学、计算机科学、行为学及心理学，组成了对各商业领域急性需求分析的人机工程系统，主要将人、机、环境三者当成一个整体系统来进行总体设计。

GUI 的普遍使用给当今计算机发展带来了重大变革，它给非专业者带来了极大的方便。用户从此不再需要死记硬背庞大的程序命令，取而代之的是可以通过窗口、菜单、按键等操作方式来简单、方便、高效地进行操作。而嵌入式的 GUI 含有轻型、高性能、占用资源少、便于移植、高可靠性、可配置等特点。

利用 MATLAB 软件为平台设计 GUI，运行的图形用户界面如图 6-93 所示。

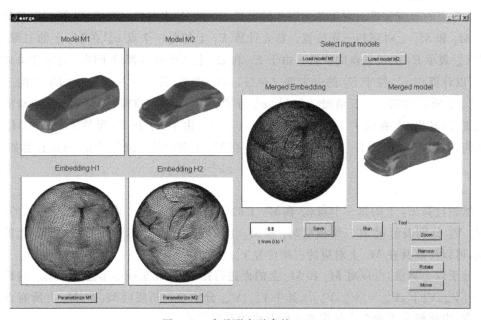

图 6-93　产品形态融合的 GUI

界面左边显示两个不同形态的三维源模型和目标模型及其球面嵌入体模型，右边是融合的三维模型形态及其球面嵌入体模型。在此界面下，用户可以通过设定任意插值点 t(从 0~1)的值来产生多种融合形态，还可以通过平移、旋转、缩放来更加清楚地查看产生的中间形态。

在产品创新设计中，形态的多样化对提高产品的市场竞争力具有重要的作用。本章从意象产品形态出发，分析了消费者对于产品造型形态所形成的感性意象，运用调和映射的分析方法，提出了一种产品形态融合的新方法。

第7章

研 究 展 望

7.1 产品意象的认知机理

人类对产品意象的认知过程是由上而下的信息处理方式,不同于单纯的信息传递由下而上的处理方式。外来的感觉信息必须被经验与知识解释后,才能达到辨识的目的。辨识之后的信息才具有意义,才能进而转换成另一种信息的形式而被记忆系统所储存与使用。但是,意象并非恒久不变,它会随着社会文化、感觉经验、价值判断等的改变而有所调整。因此,个人的知识与经验在这一方面扮演着相当重要的角色。产品造型意象的形成来自人们对于产品的认知。

产品透过本身的造型线条、色彩、质感、结构等因素,以及外在环境文化所赋予的含义,形成产品与人们沟通的语言。而这些产品所传达的语言信息是从人的需求角度来思考的,如图 7-1 所示。设计师依据人的需求、感受、想法,设计出他认为的产品造型所应该传达的意象语言,这也就是设计师跳开功能面而探讨产品应具备的意象。产品外观所传达的信息,并非仅仅是单纯的视觉美感,其中更是承载着多项信息内容,如价值判断、功能操作、文化等。

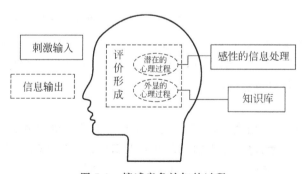

图 7-1 情感意象认知的过程

在感知产品时,人类经过视觉和触觉等感觉器官将这种"造型"特点输入大脑,与过去已有的经验和知识发生未知、奇妙的化学反应,随后在大脑中形成一种概括的印象,经过一系列的选择、比较和过滤等信息加工的过程,形成的印象有"它跟以前看过的什么对应""它看起来像什么"等概括的印象,概括的程度因具有不同知识经验的人有所不同。

因为群体中个体的差异性决定了不同的人对同一事物的感知的不同,这种概括的印象可能相似,也可能截然不同。换句话说,人与人之间存在认知差异。例如,对于同一款机械产品,有人得出"硬朗的"感觉,有人得出"圆润的"印象,还有人认为它既不硬朗也不圆润,这便是认知差异。

"硬朗""圆润"既是产品的情感意象,也是人类对产品的情感反应。人类认知与学习系统模型导致了这种认知差异的产生,如图7-2所示。认知心理学将人作为一个不断认知和学习的系统,是区别于电脑的被动输入的单纯的存储系统。人是主动地收纳外来信息的系统,并且外部信息的纳入是经过人的大脑里原始的知识和经验等激烈的碰撞、变形后被本体诠释后的信息,这种信息才具有意义,才能被记忆和使用,这也是每个单独个体存在的意义。在信息传递过程中,由于个体间的差异性,对信息的诠释也就存在差异,便出现了认知差异[79]。

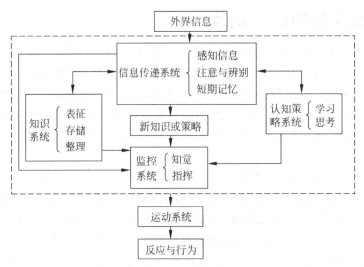

图 7-2　人类认知与学习系统模型

造成认知差异的具体原因可以大体归结为:职业、年龄、性别、生理特性、文化程度、经济状态、经验知识、环境(家庭、自然、社会)差异、文化差异、流行因素、时代差异等。虽然个体存在明显的差异,但因为各个群体所处环境的同一性,和群体间文化的交流越来越频繁,在不同之中又有一些可以依据的共同之处,这些共同之处正是设计师在调查特定群体的用户时需要挖掘和应用的信息。

因此,从认知心理学的角度来看,人们对产品意象的认知机理主要是一个对信息进行处理的过程。通过观察实物,经个体大脑中存储的不同的知识经验结构的比较、思考后概括出不同的情感意象认知,其认知在根本上取决于个体间不同的价值关系等特性,如年龄、性别、职业和文化程度等,处在不同的自然环境、社会环境和家庭环境中成长起来的人,有什么样的价值关系的变化特性就会产生什么样的情感意象[80]。由此可以看出,产品造型所传达的情感意象,不只是视觉方面的,还蕴含着价值判断、文化特征和个性化的需求等丰富的内涵要素,也使得不同地域、文化的产品拥有各自领域的特点,具有不可复制性和传播性。

7.2　基于生理测量的意象调查

本书的 2.3 节通过理论及实验的方式,探讨了消费者在整个产品造型评价过程中的视觉生理变化,运用意象熵理论及数量化Ⅰ类理论等,对产品造型意象及设计要素进行评价,从而指导设计师对产品意象造型进行改进优化。但仍存在一些问题未涉及,接下来可分为以下方面进行研究。

1. 设计师设计思维的眼动规律探究

目前的研究中,仅以设计师进行产品意象造型优化设计,由于设计思维的不确定性,并未对此过程做深入涉及。产品造型设计前期,设计师的创造性思维是极其关键的,接下来的研究将把设计师作为被试者,通过对设计师设计过程的眼动轨迹、信息等的变化分析,结合对设计师的口语访谈,将设计师的产品设计思维外显化,为研究人的认知提供更广泛的依据。

2. 其他生理数据的应用

除眼动研究外,人体生理指标还包括肌电、皮电、脑电等。在未来的研究中,可深入探讨其他生理指标与产品形态认知的相关性,为产品设计分析提供更广泛的数据支持及评价依据。

7.3　产品意象形态耦合设计

根据前面对耦合设计的描述,现有研究主要对产品造型设计中造型设计要素的耦合规律进行挖掘,其主要概括为产品形态耦合,但对意象耦合、认知耦合等耦合规律尚未涉及;以消费者的情感偏好与感性认知为出发点,对产品意象造型设计中的形态要素间的耦合机制进行了挖掘,对产品构成要素中的意象-造型-认知的三场耦合问题进行了初步探讨,但对产品意象造型设计中存在的多场耦合问题未能进行深入讨论;从仿生设计中仿生产品与仿生对象的认知耦合出发,利用意象距离建立意象认知耦合模型,基于拓扑理论建立形态认知耦合模型,所建立的认知耦合评价模型范围较小,仍存在一些问题需要进一步探讨与分析。

未来可以从以下几个方面展开工作。

(1) 意象耦合。产品所具有的"隐性知识",即人通过感受器获得产品的基本属性,在头脑中所形成无法描述的感觉。产品给人带来的情感是模糊的、不可限定的,人在接收到产品信息时,形成的思维限度也是模糊边界,没有一个明确的分割。在区别形成的意象感知时,现有阶段一般是运用相似度调查,通过聚类分析将感性意象词汇聚类,挑选出每一类的代表性词汇。但在实际试验中,意象词汇中包含二级意象、三级意象等,某些低级意象间可能会有交叉融合的现象,意象与意象间的包含度、影响程度、属性关系,即意象间的耦合关系需要进一步研究。

(2) 认知耦合。人对产品的认知过程是一个解码的过程,造型设计要素形成的产品形态给人的大脑传递知识信息,人对知识的接收容量也存在一定限度。如何使产品所表征出来的设计要素信息与人的认知相契合,是进一步研究的关键,以免由于产品信息过于复杂而造成画蛇添足,也避免产品过于简单而造成所谓的"性价比"不足,合理地找到产品信息传递量与用户接收能力的平衡态,使产品具有的形态完全符合人的认知需求,从而达到"人-物"的最佳耦合性。

(3)多角度耦合。对于仿生产品与仿生对象的认知耦合体系,范围广泛,不只局限于形态仿生、意象仿生,还涉及其他仿生设计学主要研究内容,包括色彩仿生、结构仿生、质感仿生、形态仿生、功能仿生、视觉仿生等多方面,因此需要进一步深入建立一个涉及多角度、完整的仿生设计认知耦合概念体系。

(4)耦合评价指标。在仿生设计认知耦合体系中,需要进一步将深入研究内容作为仿生指标对于认知耦合评价体系影响的权重。

7.4 感性产品族设计

随着社会经济的快速发展,以通用化、模块化、个性化为核心的产品族设计在市场上具有较大的竞争优势,基于用户感性意象的产品族造型设计成为目前重要的研究方向之一。目前基于感性意象的产品族设计主要有形状文法、进化设计和模块组合设计等方法。

物质的丰富和科学技术的进步使人们对产品的情感化设计提出更高的要求,也促进了新的设计策略产生。以人为中心的设计已从对象设计扩展到体验设计,未来将是基于感性及行为认知的系统设计。所以,用户感性意象驱动的产品族造型设计已成为企业重要的产品设计策略,旨在满足高情感化、高效率、低成本、个性化的设计需求。

现阶段,针对感性产品族设计的研究主要采取用户感性意象定位、设计变量分析和产品族造型设计展开等方法,为其研究与应用建立了体系。可以预见,随着人工智能、大数据、心理学、思维科学、设计学、情感认知科学等相关学科和技术理论研究的不断深入,用户对产品族感性意象的认知机制、目标意象与产品族造型适应度的客观评价、异族造型对产品族创新的设计方法、多意象复杂造型的产品族设计、产品族的生产实践等,将是未来一段时间重要的研究内容,并且在更多的新产品开发中将得到推广和应用,并且随着大数据、互联网、设计学和思维科学等相关学科和技术理论的不断深入与融合,多意象复杂形态的族群设计、产品族设计与生产实践的衔接等需要进一步深入研究。

7.5 基于深度学习的产品意象造型智能设计

现阶段,基于深度学习的产品意象造型智能设计研究主要立足于消费市场实际需求,将感性工学的技术与发展成果结合神经网络,对产品形态意象分析和基于深度学习的产品意象造型智能设计进行了深入研究;以产品造型为研究目标,依据设计思维或者用户需求,运用进化算法提出产品造型创新设计的整体流程,以研究进化算法应用于产品造型创新设计的程序和途径;运用人工神经网络建立多意象评价系统,对样本造型的优劣进行评价,并结合 NSGA-Ⅱ算法在产品多意象造型进化设计中的激素和方法。

由于深度学习在产品意象造型智能设计中的应用时间较短,处于探索与完善的过程中,尚未形成完整的方法论。

基于本书的研究情况,笔者展望后续研究如下:

(1) 在运用基于人工神经网络和遗传算法建立的产品意象造型进化系统模拟设计思维时,需要对设计策略中的"机会主义"知识库在产品造型创新设计方面的应用进行进一步的完善,并且需要深入探索设计刺激、设计认知等对设计思维的影响,为设计师进行产品意象造型智能设计给予更好的支持和辅助。

(2) 产品意象造型设计大多数是单意象,对多意象造型进化设计的研究甚少。事实上,消费者对产品的意象期待不可能是单一目标,因此需更深入地研究多意象造型进化设计。并且随着科学技术的不断进步,需要进一步探讨新的多目标进化算法或多目标混合算法应用于多意象进化设计。

(3) 随着"人工智能"理念的发展,可在现有研究成果的基础上借助智能设计的技术,对产品意象造型进行研发,辅助设计师快速、高效地完成满足用户、设计师和工程师三者的情感需求的产品造型。

随着设计学、思维科学、心理学、生理学、社会学、计算机科学等的不断发展,大数据、云计算、虚拟交互、模拟仿真、情感认知和多传感集成的情感测量等技术都将应用于产品意象造型智能设计中,并且在更多的新产品开发中将得到更为广泛的应用。

参 考 文 献

[1] 彭聃龄.普通心理学[M].5 版.北京：北京师范大学出版社,2018.

[2] 苏建宁,江平宇,朱斌,等.感性工学及其在产品设计中的应用研究[J].西安交通大学学报,2004, 38(1)：60-63.

[3] MATSUBARA T,ISHIHARA S,NAGAMACHI M,et al. Kansei analysis of the Japanese residential garden and development of a low-cost virtual reality Kansei engineering system for gardens[J]. Advances in Human-Computer Interaction,2011,2011：295074：1-295074：12.

[4] 原田昭.感性工学研究策略[C].清华国际设计管理论坛专家论文集,北京：清华大学艺术与科学研究中心,2002,1-11.

[5] 罗仕鉴,潘云鹤.产品设计中的感性意象理论、技术与应用研究进展[J].机械工程学报,2007,43(3)： 8-13.

[6] 苏建宁,王鹏,张书涛,等.产品意象造型设计关键技术研究进展[J].机械设计,2013,30(1)：97-100.

[7] 李娟,徐伯初,董时羽,等.基于感性工学的高速列车内环境设计[J].机械设计与研究,2013,29(6)： 47-54.

[8] CHUAN N K,SIVAJI A,SHAHIMIN M M,et al. Kansei engineering for e-commerce sunglasses selection in Malaysia[J]. Procedia-Social and Behavioral Sciences,2013,97(6)：707-714.

[9] 杨琦,聂桂平,杨正寅.基于感性工学理论的携带式水壶形态研究[J].东华大学学报(自然科学版), 2010,36(4)：438-442.

[10] NAGAMACHI M. Kansei Engineering：A new ergonomic consumer-oriented technology for product development [J]. Iernational Journal of Industrial Ergonomics,1995,15(1)：3-11.

[11] NNGAMACHI M. Kansei engineering as a powerful consumer-oriented technology for product development[J]. Applied Ergonomics,2002(33)：289-294.

[12] 胡文君,李著信.基于形态分析法的多功能环保型折叠壶设计[J].轻工机械,2004(4)：106-107.

[13] 邝俊生,江平宇.基于感性工学的产品客户化配置设计[J].计算机辅助设计与图形学学报,2007, 19(2)：178-183.

[14] FUKUSHIMA K,KAWATA H,FUJIWARA Y,et al. Human sensory perception oriented image processing in color copy system[J]. International Journal of Industrial Ergonomics,1995,15(1)： 63-74.

[15] 赵秋芳.感性工学及其在产品设计中的应用研究[D].济南：山东大学,2008.

[16] NOVAK D,MIHELJ M,ZIHERL J. Psychophysiological measurements in a biocooperative feedback loop for upper extremity rehabilitation[J]. IEEE Transactions on Neural Systems and Rehabilitation Engineering,2011,19 (4)：400-410.

[17] 李媛,刘德明.视觉认知理论的发展及其在建筑设计中的应用[J].哈尔滨工业大学学报(社会科学版),2011,13(5)：49-53.

[18] CHENGQI X,JING L,HAIYAN W,et al. Effects of target and distractor saturations on the cognitive performance of an integrated display interface [J]. Chinese Journal of Mechanical Engineering,2015,28(1)：208-216.

[19] 陈俊杰,严会霞,相洁.基于 SVM 的眼动轨迹解读思维状态的研究[J].计算机工程与应用,2011, 47(11)：39-42.

[20] 夏克特,吉尔伯特,韦格纳,等.心理学[M].3 版.傅小兰,译.上海：华东师范大学出版社,2016.

[21] 李光,吴祈宗.基于结论一致的综合评价数据标准化研究[J].数学的实践与认识,2011,41(3):72-77.

[22] 汪雪锋,李兵,许幸荣,等.基于形态分析法的创新导图构建及应用研究[J].科学学研究,2014,32(2):178-183,177.

[23] 王凯,赵卓群,聂羲.特征进化的汽车造型设计方法[J].现代制造工程,2009(7):33-36.

[24] 朱斌,江平宇,苏建宁.一种基于感性设计的产品平台参数的辨识方法研究[J].机械工程学报,2004,40(2):87-91.

[25] 兰爽.灰关联分析在包装产品设计方案优选中的应用[J].包装工程,2011,32(11):52-57.

[26] DIKER M. Textures and fuzzy rough sets [J]. Fundamenta Informaticae,2011,108(3/4):305-336.

[27] MOORS A. Theories of emotion causation:A review[J]. Cognition and Emotion,2009,23(4):625-662.

[28] DAVIDSON R J. Affect, cognition, and hemispheric specialization [J]. Emotions, cognition, and behavior,1984:320-365.

[29] MAUSS I B,ROBINSON M D. Measures of emotion:A review[J]. Cognition and emotion,2009,23:209-237.

[30] 李运,郭钢.基于多项眼动数据的产品造型方案评选模型[J].计算机集成制造系统,2016,22(3):658-665.

[31] 孙敏.基于眼动技术的情感测量方法研究[D].沈阳:东北大学,2012.

[32] 李珍,苟秉宸,初建杰,等.一种基于眼动追踪的产品用户需求获取方法[J].计算机工程与应用,2015,51(9):233-237.

[33] 刘月华.典型生理信号综合测量及情绪识别研究[D].上海:上海交通大学,2011.

[34] 何成.基于多生理信号的情绪识别方法研究[D].杭州:浙江大学,2016.

[35] 葛燕,陈亚楠,刘艳芳,等.电生理测量在用户体验中的应用[J].心理科学进展,2014,22(6):959-967.

[36] NAGAMACHI M. Kansei engineering:A new ergonomic consumer-oriented technology for product development[J]. International Journal of Industrial Ergonomics,1995,15(1):3-11.

[37] 谷建光,张为华,王中伟.产品概念设计阶段的案例相似性检索技术研究[J].计算机集成制造系统,2008,14(4):625-629,721.

[38] 赵晨蕾.基于云模型的模糊神经网络算法研究[D].包头:内蒙古科技大学,2020.

[39] 鞠初旭.模糊神经网络的研究及应用[D].成都:电子科技大学,2012.

[40] HSIAO S W,TSAI H C. Applying a hybrid ap-proach based on fuzzy neural network and genetic algorithm to product form design [J]. International Journal of Industrial Ergonomics,2005,35(5):411-428.

[41] WANG K C,LIANG J C,LIN Y C. Form design of CNC machine tools using SVM-Kansei engineering model[C]//2008 IEEE International Conference on Systems,Man and Cybernetics,Singapore:IEEE. 2008:143-149.

[42] SHI F,XU J. Emotional cellular-based multi-class fuzzy support vector machines on product's Kansei extraction[J]. Applied Mathematics & Information Sciences. 2012,6(1):41-49.

[43] FARQUAD M A H,RAVI V,RAJU S B. Support vector regression based hybrid rule extraction methods for forecasting[J]. Expert Systems with Applications,2010,37(8):5577-5589.

[44] 廖芹,郝志峰,陈志宏.数据挖掘与数学建模[M].北京:国防工业出版社,2010.

[45] 王定成.支持向量机建模预测与控制[M].北京:气象出版社,2009.

[46] 史峰,王辉,郁磊,等.MATLAB 智能算法 30 个案例分析[M].北京:北京航空航天大学出版社,2019.

[47] 张艳河,杨颖,罗仕鉴,等.产品设计中用户感知意象的思维结构[J].机械工程学报,2010,46(2):

178-184.

[48] 张向军,桂长林.智能设计中的基因模型[J].机械工程学报,2001,37(2):8-11.

[49] 尹碧菊,李彦,熊艳,等.基于概念设计思维模型的计算机辅助创新设计流程[J].计算机集成制造系统,2013,19(2):263-273.

[50] BROWN T. Design thinking[J]. Harvard Business Review,2008,86(6):84-92.

[51] WARNER B. The Sciences of the Artificial[J]. Journal of the Operational Research Society,1969,20(4):509-510.

[52] 李耀华.IDEO,设计改变一切[J].设计,2011(10):44-55.

[53] 李玉英.带创造性思维的混沌蚂蚁群优化算法[J].控制与决策,2014,29(5):937-940.

[54] GABRIELA G,PAUL R. The design thinking approaches of three different groups of designers based on self-reports[J]. Design Studies,2013,34(4):454-471.

[55] 詹腾,张屹,朱大林,等.基于多策略差分进化的元胞多目标遗传算法[J].计算机集成制造系统,2014,20(6):1342-1351.

[56] 周美玉,李倩.神经网络在产品感性设计中的应用[J].东华大学学报(自然科学版),2011,37(4):509-513.

[57] 黄金川,方创琳.城市化与生态环境交互耦合机制与规律性分析[J].地理研究,2003,22(2):211-220.

[58] 施爱芹,关惠元.基于可持续利用的家具与包装相融合的耦合设计研究[J].生态经济,2016,32(12):220-224.

[59] HSIAO S W,CHUANG J C. A reverse engineering based approach for product form design [J]. Design Studies,2003,24(2):155-157.

[60] 李明珠,卢章平,徐扬.基于最小距离的 NURBS 曲线的形状混合方法[J].工程图学学报,2008(4):96-101.

[61] 袁雪青,陈登凯,杨延璞,等.意象关联产品形态仿生设计方法[J].计算机工程与应用,2014,50(8):178-182.

[62] 杜鹤民.基于产品语义的形态仿生设计方法研究[J].包装工程,2015,36(10):60-63.

[63] 张祥泉.产品形态仿生设计中的生物形态简化研究[D].长沙:湖南大学,2006.

[64] BELCHER O,MARTIN L,SECOR A,et al. Everywhere and nowhere:the exception and the topological challenge to geography[J]. Antipode,2008,40(4):430-444.

[65] KAZAR O,LEJDEL B. Rectangular ribbons and generalized topological relations[J]. International Journal of Agricultural and Environmental Information Systems,2016,7(2):70-88.

[66] 李雁.摩尔圆雕艺术作品的拓扑学分析[J].装饰,2003,10(35):70-71.

[67] 柴文娟.拓扑艺术:追寻抽象美学[J].艺术教育,2010(9):24-25.

[68] 徐红磊.拓扑性质约束下产品形态仿生设计研究[D].无锡:江南大学,2015.

[69] 曹雪峰.复杂体目标之间三维拓扑关系描述模型[J].地理与地理信息科学,2013,29(1):12-14.

[70] 皇甫涛.基于认知的空间拓扑关系表示与推理[D].重庆:重庆大学,2004.

[71] 张福昌.造型基础[M].北京:北京理工大学出版社,1994.

[72] 张晓闻,靳雁霞,银莉,等.融合粒子群与拓扑相似性的图像匹配算法研究[J].微电子学与计算机,2017,34(3):95-99.

[73] 袁冠,夏士雄,张磊,等.基于结构相似度的轨迹聚类算法[J].通信学报,2011,32(9):103-110.

[74] 郭晨海,谢俊,刘军,等.连续非线性规划的猴王遗传算法[J].江苏大学学报(自然科学版),2002,23(4):87-90.

[75] 王钟羡,郭晨海,刘军,等.结构优化设计的猴王遗传算法[J].南京理工大学学报(自然科学版),2004,28(4):346-349.

[76] LANZOTTI A,TARANTION P. Kansei engineering approach for total quality design and continuous

innovation[J]. The TQM Journal,2008,20(4)：324-337.

［77］ MORRIS R J, NAJMANOVICH R J, RAHRAMAH A, et al. Real spherical harmonic expansion coefficients as 3D shape descriptors for protein binding pocket and ligand comparisons［J］. Bioinformatics-Oxford,2005,21(10)：2347-2355.

［78］ 张文明,刘彬,徐刚.三维实体网格自适应划分算法[J].机械工程学报,2009,45(11)：266-270.

［79］ WANG H C,DOONG H S. Online customers' cognitive differences and their impact on the success of recommendation agents[J]. Information & Management,2010,47(2)：109-114.

［80］ 周立柱,贺宇凯,王建勇.情感分析研究综述[J].计算机应用,2008,28(11)：2725-2728.

后 记

设计是科学与艺术的完美融合,具有功能美与形式美的双重属性。功能美体现得更为理性,而形式美更倾向于感性,两者密不可分、相辅相成。工业时代以前,优秀的设计基本兼顾了理性与感性设计要素。而工业时代早期,产品设计以功能为主导,感性因素考虑甚少。以"包豪斯"为标志的现代设计诞生后,"形式追随功能""形式追随情感"等理念先后主导了工业设计的发展。现如今,随着经济和技术的快速发展,物品极大丰富,产品设计实践层面越来越重视理性要素与感性要素的融合。而在理论研究层面,如何应用智能技术辅助开展产品情感化设计越来越被关注,其已然成为当下的研究热点之一。

感性工学是一门研究情感化设计的系统性学科,以理性的方法研究感性设计。2002年,本人在西安交通大学CIMS国家重点实验室访学期间,幸得导师江平宇教授指导,开始了感性工学研究,探索在产品造型设计中的感性意象量化研究技术。2004年,我们合作发表的论文《感性工学及其在产品设计中的应用研究》,是迄今国内该领域引用最高的一篇文章。依据当时的研究成果,定义感性工学是将人类情感和工学理性分析相结合,主要运用工程技术手段来探讨"人"的感性与"物"的设计特性间关系的理论及方法。具体来说,感性工学是将人们对"物"(包括实物产品、虚拟产品等)的感性意象定量、半定量地表达出来,与产品设计特性相关联,以此来实现在产品设计中体现"人"的感性感受,设计出更符合"人"的感觉期望的产品。

随后10多年,兰州理工大学工业设计团队持续探索感性工学理论方法,不断扩展其内涵与外延,先后获得4项国家自然科学基金、10余项省部级项目的资助。在产品感性意象挖掘技术、产品造型形态描述技术、产品造型设计要素辨识技术、产品感性意象与设计要素的映射技术、产品意象造型智能设计技术、感性设计实践应用等方面取得了一定成果,发表学术论文100余篇,获得科技奖励8项,培养研究生50余名,形成了兰州理工大学设计学科的特色研究方向。我们在本书中将研究成果进行了归纳总结,希望可以激发读者对感性工学更深层问题的思考。

和所有专著一样,本书的出版应归功于团队的努力。张书涛老师是兰州理工大学所培养的关于该方向的首位硕士,也是该方向毕业的首位博士,周爱民老师也是该方向毕业的博士,本书由他们执笔撰写,对我们10余年的研究工作进行了系统总结,在此感谢张书涛老师和周爱民老师的辛勤付出。同样也要感谢兰州理工大学李奋强老师、王鹏老师、景楠老师、刘世锋同学、王世杰同学、杨志强同学、石怀喜同学、张凡同学、刘杨同学、邱凯同学、杨文瑾同学以及清华大学出版社刘杨编辑的帮助和校稿。更要感谢10余年来配合团队教学与科研的所有老师和同学们,正是他们的勤奋与支持,使我们不断地看到感性工学研究中新的问题与机遇,在此无法一一列出他们的名字,深表歉意。

路修远且多艰兮,下一个10年,团队将继续研究更深层次的设计科学课题,期待收获更为丰硕的成果,也期待未来感性工学及智能化的设计技术能够更好地促进设计研究和设计实践的发展。

兰州理工大学 苏建宁

2021年10月